U0908166

戒了吧！低品质勤奋

陈慕妤/著

天津出版传媒集团
天津人民出版社

图书在版编目（CIP）数据

戒了吧！低品质勤奋 / 陈慕妤著. -- 天津：天津人民出版社，2018.6

ISBN 978-7-201-13313-3

Ⅰ.①戒…　Ⅱ.①陈…　Ⅲ.①成功心理—通俗读物　Ⅳ.①B848.4-49

中国版本图书馆CIP数据核字（2018）第083109号

戒了吧！低品质勤奋

JIELEBA！DIPINZHI QINFEN

出　　版　天津人民出版社
出 版 人　黄　沛
地　　址　天津市和平区西康路35号康岳大厦
邮政编码　300051
邮购电话　（022）23332469
网　　址　http://www.tjrmcbs.com
电子邮箱　tjrmcbs@126.com

责任编辑　陈　烨
策划编辑　王　猛
装帧设计　仙　境

制版印刷　三河市兴达印务有限公司
经　　销　新华书店
开　　本　710×1000毫米　1/16
印　　张　18
字　　数　180千字
版次印次　2018年6月第1版　2018年6月第1次印刷
定　　价　42.00元

自序

preface

你是低品质勤奋者吗

关于勤奋，每个人都有自己的定义。

如果有人问什么是勤奋，我相信最能被大众接受的答案就是“坚持、努力做一件事”。

没有人会否认坚持与努力的重要性，否则你每做一件事都是三天打鱼、两天晒网的状态，想必你永远也抵达不了成功的彼岸。

问题是，很多人看上去很勤奋，一直在忙前忙后，生怕稍一放松，就会被时代淘汰，但到头来，往往无法获得自己预期的成绩与结果。

这是为什么呢？我们先来看一个流传已久的故事。

一个年轻人进入一家公司，不到一年就获得了晋升。公司里有一个五年工龄的老员工见此情景，愤愤不平地跑去质问老板：“我来公司五年了，论资历、论经验都应该得到提携，为什么你没有提携我，反而把机会给了那个来公司不到一年的毛头小子？”

老板意味深长地说：“因为他只用一年时间就做出了你五年的成绩，而你只是把一年的工作经验重复用了五年。”

这就是低品质勤奋。

坚持、努力做一件事，可能会让你得到自己想要的结果，但也可能让你一无所获。这样的例子，在现实生活中比比皆是。

你每天坚持背诵单词，以为英语水平就会突飞猛进。

你每天坚持摘录文字，以为写作能力就会显著提高。

你每天坚持看书学习，以为知识储备就会广博丰富。

你每天坚持跑步锻炼，以为身材就会变得越来越好。

你每天坚持熬夜加班，以为工资就会慢慢水涨船高。

但实际上呢?

你的英语还是没有达到开口即说的水平，你的写作能力还是停留在记流水账的水平，你的知识储备还是没有显著增加，你的身材还是维持在原来的样子，你的工资还是没有提高多少。

你以为自己做事很勤奋，但你只是在浪费时间、消耗精力，根本没有给自己带来实质的提升和改变，这就是低品质勤奋的恶果。

勤奋只是通向成功的必要条件，而不是充分条件。没有勤奋，你绝对不可能成功，但有了勤奋，并不代表你就能成功。除了勤奋，你还要把其他要素纳入自己的努力体系当中。

这些要素，有内在个性的培养，也有外在技能的掌握。

如果简化成一道公式，那就是：

良好的心理状态+灵动的思维方式+有效的行动方法=高品质勤奋

这三个要素相辅相成，缺少其中任何一个，你都无法高效地实现自己的目标。

而本书的目的就是帮助你梳理这三个要素，让你在最短的时间内调整好自己的状态，用最合理的方法完成自己的目标。

那么，这三个要素分别发挥着什么作用呢？

1.心态的好坏决定你努力的方式。

心态决定命运。这句话我们经常听到，却很少认真思考其中的含义。为什么心态能够决定命运呢？有哪些因素会影响我们的心态呢？我们要怎样调整自己的心态呢？

如果你无法明确定义什么是好心态与坏心态，即便你看完所有振奋人心的励志文章，也无力解决这个世界的纷纷扰扰。

无论你是一个什么样的人，当你发现自己的心态存在着这样或那样的问题时，都应该有意识地主动调整和改变。

这本书将从信念、情商、社交技能等方面帮你梳理、重塑心态，让你的努力获得优质回报。

2.思维方式是你行为方式的指导法则。

当你面对难题的时候，积极思考与消极思考所带来的结果是截然不同的。勤奋的因素只起到输出结果的作用，但这个结果好或不好，是由你的思维方式决定的。

没有灵动的思维方式，你的勤奋就变成了一种重复性运动，即便你每天工作十二个小时，持续工作一年，也只是在劳动的操作上变得纯熟而已，对于人生的自我提升还远远不够。

这本书将为你提供一些实用的思维方式，让你在面对难题时能够轻松打开思路，提高解决问题的效率。

3.恰当的方法是勤奋的前提。

当今网络上有很多文章，都在教我们如何快速掌握一门技能，切合我们渴望快速成功的心理。这些方法论，一搜一大堆。

在这本书中，我会在如何消除焦虑感，如何战胜拖延症，如何完善自我管理，如何设定目标，如何进行决策等方面提供一些轻松易学的实用方法。

但是，我绝对不鼓吹唯方法论。方法是死的，人是活的。再实用的方法，用在不同的人身上，其效果也会大相径庭。

所以，我主张把行动方法跟心态和思维结合在一起。有了心态和思维的调整，再按照某些方法去行动，就能让自己发挥出最大的潜力。

这本书讲述的各方面内容，尽管针对的范围有所不同，但最终目的都是帮助读者优化自己的勤奋方式，实现高品质输出，从而获得人生的跃迁与进阶。

读者可以根据自己的需求，结合我给出的高品质勤奋等式，有针对性地翻阅到相关章节去学习提高。当然，我由衷地希望你能通读全书，因为书中很多章节都是有关联的，通读之后你将获得更加系统的知识框架。

最后，祝愿每位读者都能从这本书中有所收获，这也是对我的认可和鼓励。

陈慕妤

2018年3月书于香港

目 contents 录

第三章

提高情商：运用情商思维，你的努力才能更高效

第四章

停止无效社交：让所有人都愿意帮你

第五章

摆脱思维懒惰：用思考让勤奋价值最大化

第六章

自我管理：每个人的成功都是自我控制和坚持努力的结果

第七章

完善目标：守住你对做事本身的热爱

第八章

决策与判断：在不确定的局势下做出理性选择

第九章 好好说话：培养说话能力，在交流中实现卓越人生

第十章 知行合一：打造强大的执行力，让自己高段位输出

第一章

升级认知：

请远离低品质的勤奋，因为那比懒惰更可怕

1.你知道努力的意义，为什么还不行动

你是不是有过这样的经历：

看了一本学习写作的书，于是下定决心开始写文章，但隔了几天，连一篇完整的文章也没写好。

看到别人每天都在健身，于是下定决心开始锻炼身体，但坚持不了几天，又恢复了懒散的状态。

你明明知道怎么做才能让自己变得更好，为什么偏偏不去做呢？根据我的经验来说，主要有以下原因：

Ƶ 觉得自己做不到

无论是猛兽之王，还是海上霸主，当它们看到猎物的时候，一定会天性使然地拼命追逐，除非最后徒劳无功，否则绝不会轻易放弃。

然而，人类是一种具备心理暗示的高等动物，很多人常常被“习惯性否定”思想所束缚。遇到喜欢的人，还没行动，就觉得追不上；找到一份工作，还没拼尽全力，就觉得做不好。

这样的人，当他面对困难时，只会习惯性地否定自己、逃避现状，从不愿意努力尝试一下。无论他学到了多少知识，掌握了多少技能，都会如此。

“习惯性否定”思想对于我们的行动力和判断力会产生严重的消极影响。它会蒙蔽我们的双眼，让我们看不到事实的全部，还会击碎我们实现目标的决心，让我们临阵退缩，不敢前进。

当我们习惯性地否定一切时，自然会觉得自己什么都做不到，也做不成。

Ƶ 没有专心去做一件事

想得太多而做得太少，这是很多人的通病。

比如你想给自己“充电”，于是兴致勃勃地买了一大堆书，但第一本书只看了几页，你就觉得内容太枯燥，转而去看第二本书；看着看着，你觉得第二本书内容有点儿艰涩，又去看第三本书。如此反复，最后你连一本书也没有看完，什么东西都没有学到。

诚然，如果一本书的内容不好，你大可不必在上面浪费时间。问题是，很多人看的那些书是非常切合自己需求的，但由于过于贪婪，总觉得一本书满足不了自己对知识的渴求，以至于买了一堆书，到头来一本也看不完。

你是不是有过类似的体验呢？总觉得自己有很多事要做，想把所有事都一次性做好，可惜到最后，往往连一件事都做不成。

有时候我们制订做事计划，不一定要多而广，只需少而精就行了。想法太多而无法聚焦在一件事上，经常三心二意，是很难成功的。

记住，一次只专心做一件事。

Z 对未来没有迫切的期盼

任何人对未来都有期盼，但并非每个人对未来都有迫切的期盼。

你想成为一个很厉害的人，又觉得晚一点儿实现这个目标对自己的影响也不大，于是你不断拖延，一再浪费时间，最后还是没有任何进步。

很多人设定目标时就是这样，不事到临头就不知道事情的迫切性，总觉得自己的人生还有大把的时间，却不知道自己在偷懒的时候，别人已经看了很多书，做了很多事，每天都在进步。

人生说长不长，说短不短，怎么利用好自己的时间，每个人都有不同的做法。然而，怎么让自己的时间变得有价值，就需要你用心去对待了。

如果你对自己的未来没有渴望，总觉得日子可以得过且过，那你很可能成不了大事。

当然，这样的人生一般都波澜不惊，也不失为一种选择。但前提是，你必须对这种人生甘之如饴，而不是看到别人比自己厉害，就去羡慕、妒忌，然后悔恨自己没有努力。

有时候，我们从现阶段看，一些事情似乎并没有那么迫切，于是不知不觉地拖延下去，直到真的迫在眉睫了，才意识到时间的可贵。

你并不想品尝“为时已晚”的苦果，不是吗？那就让自己保持一定的迫切感吧！

2 做事情时没有坚定的信念

有句话说，只要你在一个领域坚持10000个小时，就可以成为这个领域的专家。

很多时候，你在一个领域只坚持了100个小时，觉得没有收效就放弃了，转而去拓展其他领域。可在其他领域，你依然坚持不下去，得不到自己想要的结果。

所谓坚持，就是做事时要有坚定的信念。如果你没有坚定的信念，就会给自己找各种借口，比如方法不对、运气不佳、心绪不宁等，以此安慰自己为什么做不成事。

难道你不知道阅读很重要吗？你当然知道，但你潜意识里觉得，看电视、玩手机更好，于是你选择了看电视、玩手机。

难道你不知道努力奋斗，你的人生会更好吗？你当然知道，但是你潜意识里觉得，当前阶段的人生也能接受，于是得过且过。

我们有什么样的信念，就会有什么样的行为。当你发自内心地觉得一件事可行的时候，才能遵循自己的价值观，想尽一切办法完成这件事。比如你相信提高自己的薪资水平，更容易追到心仪的人，那么你就会想尽办法提高薪资，主动而积极地为此付出努力。

如果你不认同坚持能带来结果，自然会变得消极怠慢，习惯虚度光阴。

你看看自己是不是这样？如果是，那么你所谓的自己很努力、很勤奋，不过是一种假象而已。

所以，为了更好地掌控自己的人生，你必须克服上面说的这些情况。

2.缺乏强大自信的人，请别妄想超越自己

在一本讲述勤奋的书里要求别人培养自信，似乎有点儿“鸡汤”的味道。

但不得不说，自信确实对一个人的成功起着至关重要的作用。自信是让我们输出高品质勤奋的重要助力，能让我们由内而外地散发出迷人的气质。

充满自信的人，即便在勤奋工作的过程中遇到困难，也不会轻易放弃，反而会积极思考行之有效的对策。缺乏自信的人，则可能亦步亦趋，盲目地付出努力，遇到问题时，不是逃避就是消极对待。

很多人混淆了信心和自信的区别，以为两者是对等关系，殊不知它们根本就不是一回事。信心是对外的，是你对某件事积累了多少期望值；而自信则是对内的，是你对自己积累了多少期望值。

换句话说，你的自信积累到哪种程度，完全不必以别人对你的评价来衡

量。自信只和你个人有关，只要你觉得自己是什么状态，那你就是什么状态。

但一个人是否足够自信也需要一定的依据来进行评判，这个依据就是自我价值。

价值造就自信，如果你什么价值都没有，就很难培养出自信。当你拥有一定的价值时，才能由内而外地散发出自信。

想一想，你可以给别人提供什么价值呢？如果没有，那么把自己变得有价值就是你当前的首要任务。而自我价值的建立，则包含自身的外在价值和内在价值。

外在价值，就是一切能够外露出来的价值，比如你的外表，穿衣打扮，甚至家庭出身等。

一个人的外在价值越大，他的自信心就越强。试想那些相貌出众、家境殷实的人，他们会躲在房间里不敢出门见人吗？不会的，他们恨不得天天抛头露面来展示自己的这种价值。无论是明星、模特，还是名流、巨贾，他们大都具备这种外在价值。

如果我们自身条件一般，该怎么办呢？很简单，我们可以通过调整自身的状态来增加外在价值。举例来说，你脸上有痘痘，就化妆遮掩一下；你身材臃肿，就进行塑身锻炼；你缺少工作经验，就多多学习技能。

提高外在价值，不仅能让你的心情变得愉悦，而且能提高你的自信。

当然，为了避免“穿上龙袍也不像太子”的尴尬，我们还需要内在价值的支撑。

有的人穿上西装，俨如一个成功人士，但实际上他可能只是个保安。我并非歧视保安，而是说当身份不对等时，无论你打扮得多么像成功人士，也无法让别人感受到那种气场。

内在价值，说穿了就是我们立身处世的价值所在。我们生存在这个世界上，肯定会有自己的价值。如果你连自己的价值都找不到，那就真的一无是处了。

我们凭什么本事在这个世界立足呢？你唱歌好，成为一个歌手，这就是你的价值；你跳舞厉害，成为一个舞蹈演员，这也是你的价值。总之，什么事情能让你觉得充满力量，那就是你的内在价值。

找到你的能力所在，培养自己立身处世的技能，你就会对生活充满积极向上的热忱。正是这种热忱，让你由内而外地散发出自信。

把外在价值和内在价值结合起来，你就会变得乐观、大方、轻松、豁达，而不会低人一等般局促不安、战战兢兢、毫无底气。

怎样才能发掘自己的内在价值呢？可以从以下三方面来思考与解决。

第一，你的兴趣是什么？

我小时候很喜欢看侦探小说，看多了，就忍不住动笔写，让自己在书里过一把侦探瘾。但由于水平有限，往往开了个头就写不下去了，因为我无法把脑海中的影像转化成精彩的文字。不过写作这件事，却变成我的兴趣。

这么多年来，我一直都在坚持写作，通过文字分享自己在工作、生活和学习中的经验，没想到收获了一大批“粉丝”，从而在写作积蓄了自己的价值。

我想，这就是由兴趣引领我打造的个人价值。每个人都有自己的兴趣，如果你希望将兴趣变成自我价值，一定要坚持下去，不要中途放弃。

第二，你的时间用在了哪些事情上？

有些人对什么都没兴趣，想让他找出喜欢的事情，还真有点儿难度。

如果你暂时还没发现自己的兴趣，不如分析一下你在哪些事情上用的时间最多。

一般来说，你在一件事情上用的时间越多，你对这件事情就越擅长。比如有的人喜欢唱歌，自然会把更多的时间用在练习唱歌上。

不少同事起初对自己的本职工作提不起兴趣来，但由于强迫自己把更多的时间用在工作上，所以慢慢地也锻炼出了高超的工作技能。比如有的同事原本只会拍照，但由于业务需要，居然学会了视频制作；有的同事原本只会写文案，但由于客户需求，居然学会了活动策划。

当然了，时间也是我们的成本。我们不能在所有事情上都浅尝辄止，那纯粹是浪费时间。如果你在一件事情上用的时间最多，那就说明这件事情能培养你的个人价值，所以，你一定要专注地深入研究这件事情，相信你必能从中取得可喜的进展和成就。

第三，你做什么事最得心应手？

如果你既没有兴趣爱好，又很少花时间专注地做一件事，那么不如挖掘一下自身的潜在天赋。换言之，你做什么事会比做其他事更加得心应手。

每个人都有自己擅长的事情，不可能什么事都做不来。只要你认真想一想自己到底是哪方面的高手，然后朝着那方面去培养自己，你的自我价值就会愈发明显。

这就是我们立身处世的本领所在。所以，你要不断改善自己的外在价值，加强自己的内在价值，唯有如此，你的自信才能逐渐强大起来。

3. 如何避免自己具有焦虑型人格

关于焦虑感，相信大家都不会陌生。

即将跟客户谈判，即将有一场当众演讲，即将跟心仪的人约会……几乎所有即将应对的事，都会让我们产生焦虑感。

在一定范围内，焦虑感并不是坏事。适当的焦虑感，能让我们对外界保持警觉性，从而调动我们行动的积极性，并及时地改善自己。

但大部分情况下，焦虑感会影响我们的判断力、自控力和执行力，对我们生活中的各个方面产生消极作用。

那么焦虑感究竟是怎样一种状态呢？

当你感到焦虑时，心理和生理就会发生一系列变化，比如心烦意乱、坐立不安、注意力无法集中、做事犹豫不决等，严重时还会出现失眠、头痛、呼吸急促、心悸、血压升高、口渴多汗等症状。

这种情况下，你就很难正常投入到工作和生活当中了。所以，当你意识到自己非常焦虑时，就应该第一时间采取应对措施。

2 你为什么会产生焦虑感

引发焦虑感的因素有很多，但归纳起来，不外乎以下五种。

第一种，神经质的人格。

具有这类人格特质的人，挫折承受力较低，自我防御本能过强，对任何外界刺激都感到敏感，哪怕是一件微不足道的小事，也会让他们担惊受怕、疑神疑鬼。这类人的焦虑感很大程度上是遗传因素造成的，在群体中所占的比例并不高。

第二种，教育与环境的影响。

我们在童年时期接受的教育以及周遭环境的影响，塑造出了自身性格。任何人在童年时期都有模仿和学习他人的行为，以此来认识世界并与之产生互动。如果外界给他带来一定的威胁感，而父母或长辈并没有及时给他以安慰或提供应对方法，他的内心深处就可能埋下焦虑感的萌芽。很多时候，父母教导我们在别人面前不要乱讲话，或者限制我们的表现，就会在无形中压抑我们的天性，让我们养成怯弱的性格。

比如很多女孩子认为，只要自己长得更漂亮一些或者身材更好一些，就会变得自信起来。可是，不少漂亮和聪明的女孩子依然缺乏自信。这就是个体从小接受的不自信教育，影响到她们自身的心理状态。

第三种，成长过程中留下的心理创伤。

一个人在成长过程中会慢慢学习到一些基本的生活常识，比如做什么事会让人开心，做什么事会让人讨厌。如果我们以错误的方式来面对这个世界而没有及时得到修正，以至于遭受了别人负面的评价和反馈，留下了心理创伤，那么我们就会对自己的能力产生怀疑。而焦虑感，恰恰就建立在这种怀疑之上。

有焦虑感的人，一般都非常在意外界的评价，认为自己做得好与不好的标准全是由别人来设定的，对自己的行为举止往往缺乏足够的自信。由于遭遇过很多次拒绝，心里备受打击，因此每次开始行动之前，他们就会事先想好如何面对失败。

第四种，缺少正确处理事情的方法。

有些人只会在特定场合产生焦虑感。比如一个对西餐礼仪不熟悉的人，贸然让他参加西方友人的聚会，换谁都会感到焦虑。

因此，多多积累不同情况下的应对经验就能缓解我们的焦虑感。主动学习和掌握一些不同的技能，熟悉当中的规则，就能让我们变得更加自信。

第五种，过分追求完美。

稍有不如意，你就担心会出问题，惶惶不可终日。比如你去应聘一份新工作，回答面试官的问题时吐字稍不清晰，你就开始担心自己能否被录用；再比如你换了一个新环境，没有在短时间内和同事们打成一片，你就开始担心自己情商不够高。这不是自寻烦恼吗？明明已经尽力了，你却心有不甘或抱有幻想，神经绷得紧紧的。这种情绪简直能把你压垮，焦虑感也就从中滋生出来了。

2 克服焦虑感的关键方法

明白了焦虑感产生的原因，那我们应该怎么克服呢？

克服焦虑感有很多途径和方法，但最直接也最容易见效的是认知重构疗法。所谓重构，就是重新构建我们对困难的认知。一般来说，可以从三个方面入手。

第一个方面：改变心态。

有焦虑感的人，在面对某些情景时，通常会高估这些情景造成的负面影响。无论身处什么场合，遇到什么事，他们都会下意识地觉得有压力，容易胡思乱想。

“还是算了吧，反正做不做也没多大关系，不如安于现状。”

“我要怎么努力呢，我能获得成功吗？”

“万一我失败怎么办，我的人生岂不是就完了？”

“我这次的表现真的好差，别人会怎么看我呢？”

这些心态都是对情景做出消极设想后的回应，你越是担心事情会变得糟糕，你的行为方式就越会受到影响，最后真的会让事情变得糟糕。

所以从一开始，我们就必须用乐观的心态看待那些情景。

举个例子：

以前，每当我准备跟客户进行电话沟通时，都担心自己词不达意，令对方误解。我越是这样想，越是不敢给客户打电话。

但我知道这种想法只会加剧自己的恐惧，后来索性不再想那些负面的东西，转而用乐观的心态分析这件事：只要我按照正常的流程与对方交谈，根据对方的反应尽量说明我的意思，肯定不会出现任何问题。

经过这样的调整，尽管我依然有些顾虑，但我可以一鼓作气地打电话过去，跟对方交谈了。

所以说，把自己的负面心态转变成乐观心态，不断鼓励自己，你就可以在一定程度上克服焦虑感。

第二个方面：挖掘焦虑背后的主因。

当我们产生焦虑感时，千万不能坐以待毙，而要弄清楚其主因是什么。

比如你已经参加过十次公司会议，第十一次时还非常焦虑，就足以说明真正让你焦虑的并不是会议，而是你对会议的准备工作做得不足。正所谓“不打没准备的仗”，如果你提前做好准备工作，相信这种焦虑感肯定会降到最低。

所以，你必须客观地评价自己的焦虑感，学会辨别焦虑感的程度，弄清楚其中的缘由，做到有的放矢地缓解自己的紧张情绪。

第三个方面：矫正行为，释放情感。

很多人都有这样的体验：跟一个幽默的人在一起时，很容易放松心情，消除焦虑。这就是说，你可以向幽默的人请教为人处世的方法，用行为法来矫正自己的焦虑感。

你一定要不断巩固并强化这种行为，这样就能有效地抑制焦虑。

此外，我们还可以通过释放情感来减轻焦虑感。

有焦虑感的人，通常会过分压抑自己的情感，与人沟通的时候，往往不善于表达自己内心的想法。如果你紧张，就大胆地告诉对方你紧张；如果你觉得对方讲话有趣，就直接称赞对方；如果对方的行为让你不满，就说一说你生气的原因。一旦情感释放出来，你就会觉得自己变得无比真诚，而不是虚伪地迎合他人。

如果你没有这样做，那就矫正自己的行为。长此以往，你自然就懂得如何应对焦虑了。

最后，当你感到焦虑时，不如让自己放松一下。

1.深吸一口气，然后缓缓吐出，这个过程能够让肌肉放松下来。

2.在脑海中不断暗示自己要放松、放松。

3.适当转移注意力，想想那些有趣的事。

不管遇到什么困难，千万不要让焦虑感吞噬你。正确处理焦虑情绪，你的人生才会更进一步。

4. 自省：从被动努力到主动进步的转变

一个人之所以能不断取得进步，是因为他时常从错误中反省自己，找到自己的缺点和不足，并加以改正。如果我们总是按照既定思维去做事，无论把一件事重复做多少遍，其结果都是一样的。

有这样一句话："每个人都拥有超出自己想象的十倍以上的能力。"什么意思呢？就是说我们很容易低估自己的能力，时常埋没自己的能力。这个能力是隐性的，一般情况下我们很难看出来。不过，当我们遇到问题时，潜在的能力就会被激发出来。

两年前，我所在的公司来了一个刚毕业的女大学生，她的专业是新闻传播，主要负责撰写新闻稿。当时这家公司正处于创业初期，人手短缺，很多时候一个人要包办好几件事，既要写新闻稿，又要主动挖掘客户，还要处理一些视频剪辑工作。

这个女大学生原本对视频处理软件一窍不通，但由于业务需要，她不得不硬着头皮去学习，买了一堆与此相关的书，挤出所有业余时间努力练习。三个月后，她终于掌握了视频软件的应用原理，操作起来也得心应手。

那时她打趣说："早知道我有这么大潜力，进公司前就应该先把视频剪辑学会，那样应聘时就可以提高身价了。"

现在，她已经成为视频后期制作的高手，公司给她的待遇也大幅提升。

其实，我跟这个女同事的经历比较类似，进公司前很多东西都不懂，业务上的技能全靠摸索和学习。庆幸的是，我现在已经变成全能职员，撰写新闻稿、拍摄图片、录制视频、影像制作等全都技艺娴熟。

当遇到棘手的问题时，我不会让问题纠缠着我，相反，我会主动出击，寻找解决问题的方法。既然同事没时间教我，我就自己买书来学习；既然接回来的业务其他同事无暇顾及，我就自己处理。

有时候，你不逼迫一下自己，就不知道自己有多大的潜力。而这个过程，其实就是一种自我反省。

懂得自我反省，你就能发现自己的优势和劣势，从而学会有效地扬长避短，将自己的能力最大限度地发挥出来。

此外，身处这个瞬息万变的社会，我们必须及时更新自己的知识体系和思维模式。这也是一种自我反省。

美国哈佛大学曾经对一群刚刚毕业的大学生做了一次关于人生目标的调查。

调查结果是这样的：27%的人没有目标，60%的人目标模糊，10%的人有清晰但短期的目标；3%的人有清晰且长远的目标。

25年后，哈佛大学再次对这群学生进行回访调查。

结果如下：3%的人朝着一个方向不断努力，大多已经成为社会各界的成功人士；10%的人短期目标不断改变，但总算成了不同领域的专业人士；60%的人工作和生活比较稳定，没什么出彩的成绩；剩下27%的人过得很不如意，而且经常怨天尤人，痛斥这个世界不给他们机会。

从这项调查结果可以看出，大多数人的人生成绩并不出彩。这是为什么呢？难道仅仅是因为他们缺乏目标规划吗？不，以我的经验来看，这里面 还有一个深层次原因，那就是：很多人总是把影响自己进步的原因归结于这个世界，或者归结于他人。他们从未反思过自己到底要怎么做，才能更好地提升自己的能力，更好地适应这个世界。

与其怨天尤人，倒不如反省一下自己，想一想该如何改变自己的错误认知和想法，让自己拥有应对问题的生活方式和思维方式。

一个人要想获得进步、获得成长，就要学会在失败和错误中积累经验，这才是一个成熟的人应该有的样子。

那怎么反省才有效呢？

1.诚恳而客观地审视周围的形势，不要把问题归咎于别人，而要学会自我判断。

2.分析失败的原因，制订新的计划，采取必要的措施，寻求改正的方法。

3.想象一下自己圆满完成工作或妥善解决问题后的情景，给予自己勇气和鼓励。

4.重新出发，不要害怕犯错，给自己一个正面应对问题的机会。

如果你想从错误中吸取教训并最终获得成功，那就必须反复实践以上步骤。重要的是，每实践一次，你就会增加一些新的体会和经验，也更加靠近目标。你的每一次进步，最终会潜移默化地改变你的人生。

5.不会梳理碎片化知识，等于无效学习

在这个信息爆炸的时代，知识分享成了一种新时尚。

然而，很多人都太浮躁了，总想用最短的时间学到最多的知识，他们都患了“知识饥渴症”。

今天看到某个微博号发表了一个新见解，你关注了它；明天看到某个公众号发表了一个新观点，你也关注了它。

面对每天源源不断推送过来的知识，你希望自己能够全盘吸收，借此成为一个紧跟时代步伐能力出众的人。

可惜，新知识被推送过来的速度已远超你消化吸收它们的速度。最终的结果无非是，你看似学到了很多知识，其实到头来什么也没有掌握。

每个媒体号推送的文章是由不同的作者写的，而每个作者由于知识水平

的不同，各自的文章质量自然有高有低；就算是同一个作者，也可能因为心情、灵感的变化而写出不同的内容。这些文章未必能够系统成篇，不是东说一段，就是西谈一段，十分杂乱。

尽管有些内容看上去对你很有用，但如果你没有在自己的脑海中将其过滤一遍，我敢保证，不出三天，你就会将之彻底忘记。

要想把知识融会贯通，除了用心之外，你还要懂得构建逻辑联想。

打个比方：我们学习演讲，刚开始肯定无从入手，面对一堆资料，也不知道怎么练习。但如果你学习演讲之前已经学习过相关的口才知识，那么在这些知识的辅助和启发下，你就能把相关的经验复制到演讲上面，快速掌握其中的窍门，然后举一反三。

很多文章看上去主题不同，其实核心知识都出自同一框架，只是阐述的侧重点不同而已。这篇文章讲的是如何调整心态，建立社交自信；那篇文章讲的是如何锻炼口才，掌握表达技能。然而，这两方面其实是相辅相成的。有了自信，你的口才就容易变得更好；同样，口才变好了，你就能更自信地去社交。

把不同文章连在一起去分析、去思考，你就会发现，很多知识点都是相通的，只要善于将其构建成一个逻辑框架，运用联想法就可以解决其他相关的问题。

那怎么才算是真正学到了知识呢？这就要看你有没有整理知识的能力。举个简单的例子：手机、自行车、风扇、保时捷、洗衣机、电子计算机、单反相机、空调、飞机。

如果把每个词语看作是一个知识点，那么当你看完这九个词语，能整理出什么知识来呢？

想要找出答案，就要进行细致地思考。

这九个词语可以归类成三组不同范畴的词汇。

如手机、电子计算机、单反相机，被归类为数码产品。

而自行车、保时捷、飞机，可以归类为交通工具。

至于风扇、洗衣机、空调，就是家用电器了。

经过这样的整理，你是不是更容易理解这些词语的作用了呢？

所谓整理知识的能力，就是通过联想、归纳把某些看似零散的知识整理到一起，让其变成一个更易理解的逻辑类别。这就是构建逻辑联想。

阅读也是一样的道理。看过一篇文章，如果你不主动整理里面的知识点，把它们归类，就不可能消化吸收，更遑论运用它们帮助自己提高能力了。因此，我们要学会分析这些知识到底可以应用在哪些方面，又可以跟哪些方面产生关联。

当然，结合自己固有的经验和知识去理解新学到的知识，效果会更好。

好比上面的例子，你必须知道手机和电子计算机是数码产品，自行车和保时捷是交通工具，才能将其归类理解。如果你脑海中没有这些归类的概念，那就很难明白了。

为什么说知识越丰富的人，学起东西来越容易呢？因为他们可以运用自己已经掌握的知识来理解新的东西。

一种知识跟另一种知识产生交集，可以提高我们的理解能力。这也是我们学到一种新的技能最好把它应用到实际生活中的原因。

对知识保持饥渴是一件好事，但如果你不能静下心来思考，最终还是收效甚微。

在浏览那些碎片化知识的时候，不管有用没用，我们似乎都会采取一视同仁的态度。没用的，快速看一遍就算了；有用的，认真看一遍还是算了。

问题是，你有没有思考呢？

尽管很多媒介能够帮助我们快速了解一门知识，但这种了解，仅仅是浅层次的，而不是真正掌握，更别提融会贯通。

如果你觉得没必要在网络中学习那些碎片化知识，那么我建议你每天抽出一定的时间来阅读高质量的实体书。毕竟一本好书，它的知识体系是比较完善的。

这种深度化的学习能够让你的知识框架变得更系统，促使你更好地理解和掌握那些碎片化知识。

所以，你真的不必太渴求那些所谓的新知识，静下心来认真读完一本好书，胜过你看完几十篇不成体系的网络文章。

第二章

打开心智：

重塑心态与信念，优化自己的各种行为

1. 心态的好坏决定你努力的方式
2. 改变语言模式是进阶的关键
3. 打破一切思维定式，重塑价值性信念
4. 你知道自己有三种人格状态吗

1.心态的好坏决定你努力的方式

心态决定命运。这句话我们经常听到，却很少认真思考其中的含义。为什么心态能够决定命运呢？有哪些因素会影响我们的心态呢？我们要怎样调整自己的心态呢？

对于这些问题，我们全都没有一个清晰的答案。

如果我们无法明确定义什么是好心态，即便我们看完所有振奋人心的励志文章，也无力解决这个世界的纷纷扰扰。

其实，好心态是一种意识上的习惯，既然是习惯，就必须慢慢培养。

我们听完一场励志演讲，当下也许会激动万分，想着马上改变现状，奋发向上，但过不了几天就会故态复萌，继续局限在固有的生活轨道上。

心态，即心理状态。心理状态有暂时性，也有固定性。这两者相互交织，又相互影响。

外界因素会影响我们的心理状态，比如黑夜让我们感到恐惧，失恋让我们感到悲伤。这种心理状态一般来说是短暂性的，当我们避开了外界因素的影响，就能恢复如初。

但是，我们也拥有固定性的心理状态，它与我们的思想、态度、看法和教育程度紧密相关。比如你从小生活在一个酗酒的家庭，长期感受着父亲暴躁的脾气、蛮横的态度，那么你很可能会形成一种性格压抑或者个性扭曲的心理，不是过度激进，就是过度内向。

固定性的心理状态长期影响着我们待人处世的方式，有时确实会改变我们的命运。比如遇到喜欢的人，别人勇往直前，大胆追求，而你却迟疑不决，躲在人后；遇到难以解决的事，别人愈挫愈勇，敢于挑战，而你却逃避退缩，无力应对。

美国著名心理学家威廉·詹姆斯说："我们这代人最大的发现，就是人能够改变心态，从而改变自己的一生。"

如果我们能够改变自己的心态，从而改变自己待人处世的态度，然后由此改变自己的际遇，那么我们的命运肯定会悄然发生改变。

无论你是什么样的人，只要你发现自己的心态存在问题，你就应该有意识地去调整和改变。而其中的关键所在，就是学会积极思考。

叔本华说："事物本身并不影响人，人们只受自己对事物看法的影响。"

我们对事物的看法，会影响我们的心理。把困难看作高山，我们就会胆怯；把问题看作鸿沟，我们就会退缩。但如果我们懂得调整思维，把这些困扰我们的障碍看作我们进步的源泉，我们就会乐于接受挑战。

关注有益于我们自己的事物，这就是积极思考。

积极思考是良好心态的重要特征之一。心态好的人，会把问题当作难得的机遇，从中提升自我价值，让好事成真。

我特别喜欢一句英语口头禅——so what（那又怎样），它渗透出对困难的藐视和不在乎，让我拥有了解决问题的勇气。

美国著名漫画家凯西·朱塞威特说，她的成功得益于其母亲教导她学会了积极思考。

当她母亲鼓励她向报刊投递漫画稿时，她担心自己画得不够好，会被退稿。她母亲就说："那又怎样？只要你多多尝试，总会成功的。"

当她担心自己的漫画风格不被大众接受时，她母亲又说："那又怎样？只要能取悦自己就好。"

凯西·朱塞威特说，没有其母亲的鼓励和支持，她画的那些草图就不可能变成畅销漫画。

可见，积极思考能改观我们的心态，坚定我们的信念，带给我们正向的力量。

那我们要如何培养积极思考的习惯呢？美国心理学家丹尼斯·威特利对此提供了六个建议，我结合自己的经验，给大家分析一下。

1. 寻找美好。

日本有一个流行词叫"小确幸"，意指微小而确实的幸福。正是这种幸福，让我们能随时发现生活的美好。如果一件事情在你看来是百分之百的坏，那么你肯定忽略了其中一种东西了。寻找事情积极的一面，你就能慢慢学会如何从正面的角度去看待每件事了。

2.选择恰当的生活用语。

分析一下你的生活用语，是否经常带有一些消极词汇呢？比如“我不能”“我不行”“我不会”等。这些词汇会影响你的潜意识，对你的思维和情绪造成负面作用。以前我遇到事情总是唉声叹气，但现在就算遇到问题，也会说“挺好的”“没关系”“还好吧”，久而久之，我的心态变得豁达起来，不再消极逃避，而是主动思考如何解决问题。

3.和积极乐观的人在一起。

满身负能量的人会消耗我们的精力，影响我们的心情，而积极乐观的人却能够为我们排忧解难，促使我们提高自主解决问题的能力。

4.减少批评。

批评别人是一种常见的消极习惯。即便别人做错了事，我们也要善于循循善诱，而不是张嘴就批评。

5.停止抱怨。

有些人经常自怨自艾，塑造出一副很可怜的形象，这只会让自己和身边的人感觉更糟糕。当你抱怨完，就应该立刻投入积极思考的状态之中。待在负面情绪里越久，你就越难抽身离去。

6.不必担忧。

担忧是积极思考的障碍。我们做最坏的打算是为了建立一个预先反应的机制，即便事情真的发生了，也能及时反应过来。很多最坏的情况，只会出现在我们的想象中，现实中并不存在。改变能够改变的情况，接受不能改变的情况，这才是做事的常态。

一个人心里想着开心的事，他就会开心；想着悲伤的事，他就会悲伤。我们无法掌控命运，但我们可以改变自己对待事物的态度；我们不能控制他人，但我们可以约束自己；我们不能预知明天，但我们可以珍惜今天。我们无法保证把所有的事都做成，但我们可以全力以赴，争取做到最好。

2.改变语言模式是进阶的关键

我们采用什么样的语言模式，决定了我们如何与这个世界相处。

很多时候，我们的信念是通过语言表达出来的，而我们的语言，又会反过来影响我们的信念。所以说，调整语言模式，能让我们更好地应对客观环境带来的影响。

试想，一个言语粗鄙的人，他的日子能过得顺畅吗？一个愤世嫉俗的人，他的生活能充满希望吗？我想肯定不能。

提高自身能力的关键是改变我们的语言模式，从而改变我们大脑中的信念系统。

我曾经教导不少人练习口才技巧。有些人既吐字清晰，又头脑灵活，但就是缺乏相应的表达技能，以至于在与他人相处的过程中很容易陷入被动，造成尴尬的局面。

可以说，阻碍他们提高口才的核心原因，不是他们能力不够，而是他们受困于自身的心理模式。

有这么一句话："如果你相信自己能够做到某件事，你就可以去做；如果你认为某件事不可能做成，无论别人花费多少力气劝说你，你也不会去尝试。"

学过心理学的人都知道，有个心理现象叫"罗森塔尔效应"，说的就是心理暗示的作用。

罗森塔尔把一群孩子分成两组，让两个老师带领教导。其中一组的老师被告知，他教导的孩子是"很有天赋"的，而另一组的老师则被告知，他教导的孩子是"智力水平很低"的。

一年之后，这两组孩子的测试成绩出来了，不出所料，"有天赋"的那一组孩子成绩大有长进，性格也变得开朗起来，喜欢跟别人打交道；而"智力水平很低"的那一组孩子，大部分得分降低，性格也变得拘谨起来。

为什么会这样？因为老师所持有的信念影响了他的心理活动，从而影响了他对待孩子们的教育方式。

良好的心态是我们做一切事情的根基。而这个心态，则奠基于我们所持有的信念。

很简单一个例子，如果你持有"我怕做错事""我担心做得不够好""我怎么努力都无法进步"等信念，就算你学会了自己想要的那些技能，也没办法自如地运用它们来解决实际问题。因为你的语言模式是消极的，会对你的心理造成很大的负面影响。

我以前是一个性格比较内向的人。内向并不意味着不会说话。我记得小学五年级时，有一次突然被老师叫到台上演讲，最后居然还获得了安慰奖。后来去了香港读书，被迫参加各种校际问答比赛，也获得了不少奖励。

可是，在当时的我看来，这些成绩只是昙花一现。我依然觉得自己是那个不善言辞、沉默寡言、自卑内敛的人。在平常生活中与人相处，我依然无法正常表现自己。

后来真正让我改变的，是我从心理学知识里学会了语言模式的转换方法。从那时起，我试着把那些看似谦虚但具有负面作用的用语，如“我不行的”“我做不来”“我有点儿害怕”“我很内向”等，统统都转换成具有正面作用的用语，如“我可以尝试一下”“我可以做得更好”“我能够改变”等。慢慢地，遇到问题时，我不再习惯性逃避，而是主动寻找解决问题的方法。

所以，为了改变自己，我们必须摒除那些限制性的信念。

在限制性信念方面，有三大领域会对人的身心健康产生惊人的影响。

1.没有希望：无论你如何努力，渴求的目标都不可能实现的信念。

2.无能为力：渴求的目标有可能实现，但你无力实现的信念。

3.没有价值：由于某种原因，你不配得到渴求目标的信念。

要想获得成功，我们应该主动运用语言模式，经常给自己心理暗示，把限制性的信念转变为积极的信念。

1.对未来充满希望。

2.有能力感和责任感。

3.有自我价值感和归属感。

那么，怎样才能把这种信念的转换变成习惯呢？就是用“如何”发问。

比如你准备学习一项技能，如果你认为“我做不来”，那么你就要转换成“我如何才能做得来”，然后以此来寻找答案。

在寻找答案的过程中，只要你学到一些东西，做出一点儿成绩，你的自信心就会得到提高，不用多久，你就能变成一个充满自信的人。

生活中，语言不只是用来与别人沟通的，更是用来与自己交流的。学习说话，其实是学会跟自己相处。因此，在你想提高自己某方面能力之前，一定要先把语言模式调整好，否则等你学了一段时间后，一遇到突发状况，你就灰心丧气地说“算了，我学不好”，那又有什么意义呢。

转换你的语言模式，改变你的信念，这样你才能更有效地提高自己的能力，而不是一味地付出低品质勤奋，做无用功。

3.打破一切思维定式，重塑价值性信念

相信大家都听过跳蚤的故事。

跳蚤跳起的高度能超过其身高的一百倍以上。科学家在跳蚤头上罩一个玻璃罩，再让它跳，跳蚤碰到玻璃罩弹了回来。如此连续多次以后，跳蚤每次跳跃都保持在罩顶以下的高度。这时科学家把玻璃罩拿开，又让跳蚤跳，结果跳蚤只能跳到玻璃罩的高度，甚至不想跳，变成爬蚤了。

这个实验告诉我们一个启示：我们也可能被某种无形的玻璃罩限制着，以至于无法超越人生的既定高度。

那这个无形的玻璃罩到底是什么东西呢？没错，就是思维定式。

思维定式会将我们的认知局限在一个狭小的空间，换句话说，就是自己把自己限制死了。

很多人觉得自己性格内向、笨嘴拙舌、反应迟钝，一辈子也就那样子了，想改变也改变不了。

这不是给自己设限吗？一开始就认定自己一无所成，漫长的人生还怎么活出精彩呢？所以，任何时候都不要让自己被思维定式局限，这个世界充满无数可能，你的人生自然也有无数机遇。

而要解决思维定式这个问题，我首先分享两个概念。

Ƶ 事实性信念和价值性信念

事实性信念，就是一些确定是事实的情况。比如人必然会死，太阳从东边出来等，谁也无法改变。

价值性信念，就是我们自身价值观的反映，是我们对世界认知的一种综合体现。比如有的人觉得结婚了会很开心，有的人却觉得婚姻是一种灾难，这都是价值性信念。

如果你想改变自己的思维定式，首先要分清你所持有的信念到底是事实性信念还是价值性信念。

“我当不上美国总统”，这句话对于中国人来说，是事实性信念，因为相关法律条文对此做出了规定。但对于美国人来说，这句话有可能是价值性信念。因为任何一个美国公民都有机会成为美国总统，我们不能否定任何一个美国公民的这种价值性信念，除非他根本不想当美国总统。

当然，信念有程度之分。有些信念我们会坚定不移地相信，比如人终有一死；有些信念我们相信的程度会降低一些，比如世界末日迟早会到来；还有些信念我们只会适度地相信，比如驾驶汽车会发生交通意外。

明白了这些内容，就来想一想你对自己秉持的信念到底是什么。

“我不行”“我做不了”“我没有能力”“我没用”，诸如此类的信念，到底是事实性信念，还是价值性信念？我认为大多数都只是价值性信念而已。

坚定不移的事实性信念也有可能变成价值性信念，那为什么你就这么确定“你不行”“你做不了”“你没有能力”“你没用”呢？

你之所以秉持这样的价值性信念，是因为你所运用的语言模式把你塑造成了这个样子。所以，要改变这种思维定式，就得从你的语言模式入手。

2 语言模式的影响

每个人都有自身的一套语言模式。

男人和女人因其性别特征不同而形成了不同的语言模式，男人说话相对粗犷一些，女人说话相对温婉一些。而细分到每个个体，其语言模式更是不尽相同。

语言跟思维是相互关联的。有研究表明，语言是思维的反映，你有什么样的思维，你就会有什么样的语言。但神经语言学同样表明，我们的语言可以改变我们的思维。也就是说，语言既能反映我们的心理体验，也能塑造我们的心理体验。

举一个简单的例子，乐观的人和悲观的人，他们的语言模式是怎样的呢？

看到半杯水，乐观的人会兴奋地说："居然还剩下半杯水。"而悲观的人则会失落地说："怎么只剩下半杯水了？"

看出区别了吗？两者的价值性信念不同，因而使用的语言模式也不同。前者关注的是好的一面，心理体验是愉悦的；后者关注的是不好的一面，心理体验是伤感的。

我并不鼓励大家无限度的乐观，毕竟适度的悲观能够让我们提高警觉性，以便及时发现危险，进行规避。过度乐观的人，如果大雾弥漫仍敢高速飙车，引发交通事故的概率会更高。而过度悲观的人，只会让自己陷入无尽的负面情绪当中，无法积极地面对生活。

有些人在日常生活中未必是一个悲观的人，但他们使用的语言模式，等同于把自己限制在了一个消极的框架里面。他们明明有能力胜任一份工作，却不断地给自己负面暗示"我不行""我做不好"，久而久之，就真的变成了"我不行""我做不好"的人，以至于错失了很多发展机会。

有些性格内向的人不敢与人接触、交流，其实这没什么大不了的，采用正规的方法进行锻炼，提高自己的社交能力即可。可是他们经常自我限制，跟自己说"我内向""我自卑""我没能力"，连第一步也未能踏出，就困在原地，最后真的什么也做不成，形成了恶性循环。

很多时候，我们要么受制于别人的评价，要么受制于自己的评价。正如有的人被别人评价说能力有限，但其实他具有很大的潜力。那只是别人的价值性信念，并非事实性信念。

人在接受别人的评价之前，首先要进行客观的自我评价，了解自己的能力所在，做什么会得心应手，做什么会比较吃力。与此同时，你要明白，有些事情你不会做，仅仅是因为你的兴趣和心思不在那上面，而不是因为你没有能力做到。

这个世界上有很多人都曾被别人否定过，但他们通过调整自己的价值性信念，变得积极向上，从而获得了巨大的成就。

不过，也有相当多的人遇到事情时，连尝试一下的勇气都没有，就用各种消极的语言否认自己，从心理上限制自己，把价值性信念当成事实性信念。这样一来，又怎么能把事情做好呢?

由此可见，有的人不懂社交，并不是因为他们内向自卑，而是因为他们根本不想改变自己。内向自卑的人变成一个充满魅力的社交高手，这样的人大有人在。

这就是他们所使用的语言模式，塑造出他们这种心理体验的主要原因。

Ƶ 改变语言模式，从而改变价值性信念

尽管每个人都有其独特的语言模式，但这其实是可以改变的。

举个例子：天气预报说下午将有降雨，如果你认为“本来天气好好的，没想到居然要下雨了”，这就是消极的信念。只需转换一下句式，对自己说“尽管下午要下雨，但目前来说天气还是不错的”，就变成了积极的信念。

这可不是简单的句式转换，但凡遇到一些觉得不好的事，只要你坚持这样的练习，形成积极的心理暗示，久而久之，你的心态就会发生很大的改观，变得越来越乐观。

天气预报说下午将有降雨，但上午的天气确实不错啊，难道你要否认吗？转换句式，不是让你给自己灌迷药，而是让你把注意力放在更为正面的事实上。

再举个例子：失恋了，你一般会说“没人爱了”“被抛弃了”之类的话，但转换句式，就要说“恢复一段时间的自由身也不错”“不久之后可能会遇到一个更好的人”。

注意，这不是自我麻痹。难道你敢断言，你下一个恋爱对象不会比前任更好吗？如果你确认再也找不到比前任更好的人了，那么到底是什么因素支撑你这个所谓的事实性信念呢？不记得信念有程度之分吗？你怎么能百分之百确定这是一个事实性信念呢？

失恋这件事如果已经是既定事实，为什么你偏偏要关注那些不好的信念呢？

我们的语言模式，无论怎么转换，都无法改变既定事实，但转换语言模式可以间接影响我们的心理。只要我们以更为积极的心态面对这个世界，生活也会随之变得更好。

在日常生活中，我们把一些消极的、损害到他人情感的语言模式转变成积极、乐观、豁达的语言模式，于人于己都是一件有益的事。

当你打破思维定式后，你在任何事情上都不会过于限制自己，你的人生将会获得更多的可能性。

从现在开始转变你的语言模式吧！把“因为我内向，所以无法与人更好地交流”转换成“尽管我内向，但我可以学习怎么与人更好地交流”。

记住，时时刻刻都要有意识地进行这种练习。

4. 你知道自己有三种人格状态吗

在心理学上，有一个TA理论，全称为Transactional Analysis，这是一个人格分析理论，用于帮助个体成长及心理治疗。

这个理论将我们的人格分为三种状态，即父母心态（Parent）、成人心态（Adult）和儿童心态（Children），简称PAC。

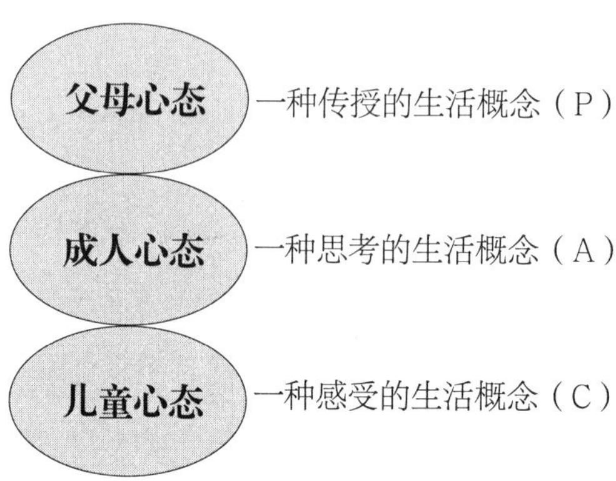

这三种状态相互交织，促使我们形成完整、健康、平衡的人格。下面就来给大家说一说这三种状态是如何运行的。

每个人都有害怕的东西，比如你害怕老鼠，当你突然看到一只老鼠时，儿童心态就会启动，你会吓得大声尖叫，甚至可能被吓哭，随即躲在一个相对安全的地方不敢出来。

而成人心态下的反应则是冷静下来，然后运用身边可以利用的一切资源来解决这个问题，比如你可以用木棍把老鼠赶走。

至于父母心态下的反应，就是你可能会回想起父母教给你的应对办法，以一种长辈式的行为鼓励自己，指导自己行事。

这三种状态下的行为反应并不是固定不变的。就算是在成人心态下，你面对问题时的反应，也会随着你的经验积累和能力提升而有所改变。今天看到老鼠，你会用木棍将其赶走，明天你可能会用捕鼠器捉住它，总之，你会用成人心态来解决这个问题。

当然，无论是哪一种状态，都有正面和负面之分。有时候你适应他人的意愿，可以避免冲突，获得和谐的关系；但也可能委屈自己，无法获得真正的快乐。

同时拥有三种人格特质才是一个健康的状态。因为它们彼此制约，相互补充。如果缺少其中一个或者两个，我们的行事方式就会凸显出某种问题。

我们小时候通常会遵循父母的意愿来行动，以期适应父母的思想。直到长大之后，这种儿童心态依然会对我们产生影响。

你喜欢上一个人，而你的父母不喜欢这个人，为了适应父母的思想，你就会压抑自己的想法，要么跟这个人断绝来往，要么偷偷摸摸地交往，不敢再向父母明示。即便你渴望以成人心态来处理这件事，说不定你的父母心态也会说服自己，应该听从父母的安排，不能违背父母的意愿。

在我们从小到大的成长过程中，这三种状态会慢慢成形，最后构建出自身独特的人生脚本，整体人格也就基本上固定下来了。接下来的生活，我们或多或少会依照这个脚本行事。但是，如果我们总是按照既定的人生脚本做出反应，就不容易获得更多的突破和提升。

比如你小时候遇到挫折，父母非但没有安慰你，反而责骂你，导致你形成了一种内疚、自责、悲痛的心理情绪。长大后，一旦你遇到挫折，就会按照这个人生脚本做出反应，陷入恐惧的情绪之中。

这时的你，觉得自己一无是处，什么都做不来。但这只是儿童心态下的反应，而不是成人心态下的反应。儿童心态下，你只看到一种可能性，按照一种方式做出反应；而成人心态下，你可以看到多种可能性，用多种方式做出回应。

既然如此，为什么我们时常陷入恐惧、伤心等负面情绪中呢？这就涉及我们在人生脚本里秉持的信念。

我们小时候形成的信念，有正确的，也有不正确；有合理，也有不合理的。

“吃蔬菜对人体有好处”是合理的信念，这个信念经过科学验证，无可辩驳，所以我们接受它，每次吃饭时都乐意吃蔬菜。

“婚姻是爱情的坟墓”这个信念，未必是合理的。对于是否认同它，跟我们的成长经历有关，每个人都不一样。

那怎么才能识别出自己秉持的信念是否正确呢？很简单，要看这个信念有没有满足我们最基本的需求。

按照马斯洛的需求理论，我们的需求分为五种：生理需求、安全需求、情感和归属需求、尊重需求、自我实现的需求。

“吃蔬菜对人体有好处”能满足你的生理需要，所以是正确的信念；而“婚姻是爱情的坟墓”无法满足你的情感和归属需求，让你过得很不开心，所以是错误的信念。

要想改变自己，你首先得承认自己的问题所在，然后通过自省找出核心原因，接着引入新的信念，以此代替那个错误的信念，最后利用新的信念重复行动。

一旦你的信念改变了，你就建立了一个新的行事原则。我相信，当你再次遇到同样的问题时，你就不会再按照既定的人生脚本做出反应，而是以更为成熟的成人心态去应对。

不过，需要注意的是，我们对于自己秉持的信念，会有一种想象机制。

比如你觉得自己是一个无趣的人，人缘不好，朋友很少，对于这个信念，你就会进行一系列的想象：“如果我跟别人说话，别人肯定会闷死。”或者“别人邀请我参加聚会，我都不知道去那里要干什么，肯定只能坐在角落里默默叹气。”

在这种自我想象的主导和欺骗之下，你就会慢慢加深自己“无趣”这个特征，所有的言行举止都会朝着这个方向发展，从而真的变成一个沉默寡言、自卑内向、不懂社交的人。这样的你，遇到问题只会逃避，而不会勇往直前地展示自己的能力。

在识别自己的信念时，为了避免被这种想象机制影响，我们就要撇开情感的蒙蔽，寻找客观的事实证据。

为信念寻找客观证据

每个人都有一种归因心理，即以结果推导原因。

但这种推导，往往把原因归结给自己，而忽略了客观事实的其他因素。比如你跟别人聊天，因说错话而让对方不开心，然后你就开始怀疑自己不会说话，不会与人交往。这种归因，就是把原因简单化了。说不定对方原本就不开心，只是在跟你聊天过程中，被你的话刺激了才显露出来而已。换作平时，即便你说同样的话，对方也不会有反应。不知者不罪，你跟对方说声"对不起"就足够了，没必要因此怀疑自己的说话能力和社交能力。

寻找客观事实能更清晰地识别自己持有什么样的信念。比如你会骑自行车，但不能以此来推导自己骑摩托车也不在话下，除非你多次上路证实了这一点。

寻找客观事实，只能以做的那件事为基准，而不能以其他事情来取代。

很多人认为自己做事不行，为了消除这种消极而不理智的思维，而用一种更具建设性的信念取而代之，这时就会问自己一个问题："如果事情真的是这样，证据是什么？"

你认为自己写作不行，有什么证据吗？问题是，很多人连做都还没正式做，只是苦于不知道怎么开始，就已经觉得自己不行。你倒是先行动起来，再看看结果啊！连几行字都不去写，就认定自己不会写作了？

找到真相、原理，看清每件事背后的清晰画面，去除蒙蔽自己双眼的灰尘，这就是寻找客观事实的作用。

当然，就算是消极的思想，如“我不可能成功”，我们也能为此寻找各种各样的证据，比如跟别人交往不成功、工作不成功、恋爱不成功，于是综合起来就成了这个信念的支撑。

怎么办呢？为了避免过度概括，这时你就要重新定义你的信念了。

2 重新定义一个恰当的信念

对于某些事情，我们总喜欢用一个笼统而概括的方式去描述它。你想提高自己的学识，于是对自己说“我每天都要努力学习”。然而这个目标只是一个笼统而虚无的说法，并没有具体的操作行为。

同样，很多消极的信念，比如“我这个人很没用”“我不会说话”等，都是大而不当的概括描述，你必须先弄清楚自己到底在哪方面很没用，在什么场合不会说话。

有些女生只因男朋友做了一件让她不满意的事，就发脾气说“你从来都不爱我”，否定了男朋友之前的所有付出。问题是，这种说法对于事情的改变是于事无补的，甚至只会让问题变得更加严重。

为了避免这种情况的出现，纠正自己不好的信念，你就要用一个更为具体而贴切的方式去定义自己的想法。

正所谓“具体问题具体分析”，把事情具体细分，只针对有问题的那部分去思考，才是重新定义信念的核心做法。你认为自己不会写作，也许你只是不会构思文章的开头和结尾而已。如果你针对性地学习怎么写开头，怎么写结尾，自然能学会写作。

就算你真的学不好写作，这件事做不好，也并不代表其他事做不好。

千万不要想当然地去定性自己的能力。当你做不好某件事情时，就要思考自己在这件事情上到底付出了怎样的努力，这种努力是不是跟核心问题有关。否则，你所认为的证据只不过是一种笼统而虚无的概括描述。因为，真实的证据只有当你找到具体问题的核心之后才能发现。

沉静下来，重新定义自己的信念，找到问题的核心原因，具体问题具体解决。不高估自己的能力，也不低估自己的潜力，这才是正确的思考模式。

只有这样，我们才能不断取得进步。

第三章

提高情商：

运用情商思维，你的努力才能更高效

1. 情商低，该怎么提高
2. 如何自主地培养情商
3. 情商意识决定你的说话能力
4. 有了幽默感，你永远都不会尴尬

1.情商低，该怎么提高

你对自己的情商有一定的了解吗？

情商这个词，大家再熟悉不过了。但它具体指的是什么，很多人其实并不清楚。

心理学家把情商归结成五个方面：

1.**了解自我**：监视情绪时时刻刻的变化，能够察觉某种情绪的出现，观察和审视自己的内心世界体验，它是情绪智商的核心，只有认识自己，才能成为自己生活的主宰。

2.**自我管理**：调控自己的情绪，使之适时适度地表现出来，即能调控自己。

3.**自我激励**：能够依据活动的某种目标，调动和指挥自己的情绪，它能够使人走出生命的低谷，重新出发。

4.**识别他人的情绪**：能够通过细微的社会信号，敏感地感受到他人的需求与欲望，认知他人的情绪，这是与他人正常交往、实现顺利沟通的基础。

5.**处理人际关系，调控自己与他人的情绪反应的技巧**。

如果你想提高自己的情商，就应该在这五个方面多加修炼。不过以我的经验来看，将其简化为以下三个步骤也未尝不可。

第一步：自我意识的建立

所谓自我意识，就是对自己的各个方面都有清晰而深刻的认识。

如果你对自己的情绪、长处和缺点，甚至需求和品行都有自知之明，那么无论别人怎么评价你，你都不会因此受到影响。

有一句话说：“你的头发明明是黑色的，有个人却认为你的头发是红色的，你会生气吗？”你不会，你只会觉得那个人很傻。

一些信心不足的人，一旦听到别人贬低他，他就会心神不定、情绪低落，这就是自我意识过于薄弱的原因。别人说你蠢，你就真的变蠢了吗？别人说你能力不行，你就真的能力不行吗？你到底有没有真正了解过自己呢？

所以，培养你的自我意识是提高情商的第一步。

怎么做呢？你要懂得从生活中获取自我反馈的机会。

你可以把每件事情带给自己的感受写下来。比如今天有人说你反应迟钝，让你很不开心，那么你就把这件事记录下来，然后分析这个人为什么这么说，是因为他低估了你，还是因为你高估了自己？以及这是你的优点还是缺点？

最重要的是，你怎么证明这种能力的真伪呢？不要凭感觉，最好有事例支撑。如果大部分情况下你都反应迟钝，那这很可能就是你的真实状况。当明白这一点后，你就可以坦然接受，并做出改变。

如果你既在乎别人的评价，又不愿去改变，那只不过是你逃避的借口。除非这件事对你的生活和工作没有造成任何影响，否则还是及时改变自己吧。

在你建立自我意识时期，你就是自己的教练。遇到挫折，你要懂得自我激励；碰到问题，你要学会迎难而上；遭受打击，你要学会忍耐。你要时刻调动强大而积极的心理暗示来给自己打气。

每天都保持正能量，让自己拥有积极、乐观、勇往直前的心态。只有这样，你才能锻炼出高情商。

♮ 第二步：情绪的识别与掌控

既然高情商的大前提是情绪的掌控，那么识别自己和他人的情绪就显得尤为重要。

有了第一步自我意识的建立，你就能深刻了解自己的情绪，知道自己在什么情况下会大发脾气，在什么情况下会忍气吞声，遇到什么事情会热血沸腾，遇到什么事情会垂头丧气。

高情商并不是要你完全没有脾气，这不现实，而是要你懂得掌控自己的情绪。根据心理学家的总结，掌控情绪有四个步骤：

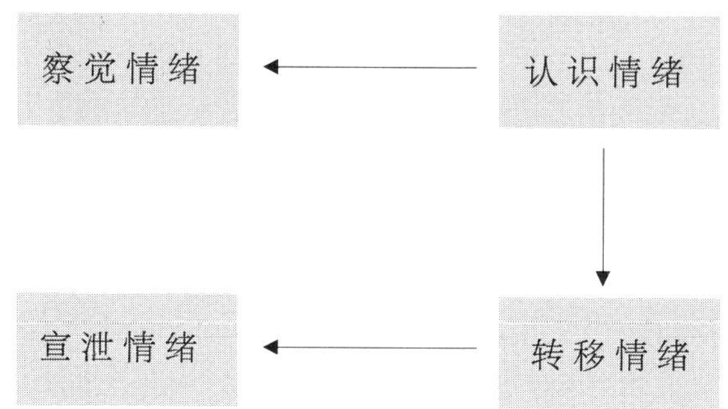

察觉情绪

情绪出现之前，肯定会有先兆。当你遇到事情，心理产生变化之际，你应该要有一种意识，察觉到自己的情绪正在发生变化。你要对自己发问，现在你处于什么样的情绪中，你为什么会产生这样的情绪？

懂得事先感知自己的情绪，了解情绪出现的机制，你才能够进行情绪管理。

认识情绪

当你察觉到自己的情绪正在发生变化时，心里一定要有个预估，如果你的情绪被发泄或者被压抑起来，你将面临什么样的结果。

你要知道，情绪失控所带来的危害，不仅仅会波及你的身心，还可能牵连周围的人。

当你意识到情绪会给自己带来什么样的后果时，你的理智就应当介入了。

转移情绪

理智介入之后，你应该找到相应的方法来转移自己当前消极的情绪。比如把针对问题的注意力转移到其他有趣的事情上。

切勿让自己长时间沦陷在负面情绪里，一定要懂得抽离出来。

宣泄情绪

不要把消极的情绪压抑在心里，这会伤害自己，但也不能对别人爆发出来，那会伤害别人。最好的办法是用一种不影响他人的方式宣泄出来。

很多女生失恋后会哭泣，这就是一种释放情绪的方式，对于身心有很好的帮助。毕竟，哭出来会舒服很多。

所有这些措施都可以帮助你掌控情绪。你一定要多多学习，千万不要偷懒。

当然，在情绪的掌控上，丰富自己的阅历也是非常重要的。假如生离死别你都遇到过，还有什么事情能让你大呼小叫呢?

宠辱不惊，看庭前花开花落；去留无意，望天空云卷云舒。最好的心态就是这样。

第三步：人际关系的处理

人际关系的好坏可以显示出一个人情商的高低。在人际交往中，要想得到别人的认可、接纳与尊重，你必须加强修炼自己的表达能力、认知能力和控制能力。

表达能力，就是你通过语言和非语言方式，向对方传递信息的一种沟通机制。在人际交往中，你的想法和观点都需要用到你的表达能力。

认知能力，就是识别对方通过语言或非语言方式给你反馈信息的能力。比如老板在会议上针对你提出的问题给出了解答，同事们都能听懂，唯独你理解不了，就说明你欠缺认知能力。

控制能力，就是根据当下的情况，对自己的表达方式和情感做出必要修饰的能力。明明用某种表达方式能更尊重对方，你却用一种损害对方尊严的方式来说，有意无意地嘲笑了对方，甚至事后也不懂得道歉，那么你的情商肯定是不够高。

当今社会是外向型社会，你必须有所行动才能引起别人的注意，从而获得相应的机会。而社交能力的好坏，决定了你能否创造出属于自己的机会，然后很好地把握住。

一个人要想获得发展，良好的人际关系能起到至关重要的作用。在社交活动中，如果一个人能够主动参与到其中，而且善于表达，与其他人形成良好地互动，那就表示这个人有更高的社交主动性。

社交主动性，意味着这个人具有沟通意识和沟通行为。他知道什么时候该说什么话，知道自己当前的处境能不能与他人形成沟通态势，知道自己是出于什么目的而去沟通。具有社交主动性的人，不会逃避人际关系的难题，而是想办法解决。

社交主动性中有个特质，叫作同理心。

同理心强的人，善于体察他人的意愿，并愿意理解他人、帮助他人。这种人懂得换位思考，站在他人的立场考虑问题，不会过分自私。但凡遇到冲突，他不会处处对他人进行挑剔、抱怨、讥笑，而是用和谐、体谅、宽容的方式来处理矛盾。

在人际关系中，信任是交往的基础。没有同理心，彼此就很难建立起信任的桥梁，社交和沟通也就无从开始。

所以，培养自己的社交能力，首要的一点是建立同理心。懂得将心比心，真诚地站在对方的立场体会他的感受，主动识别对方的情绪和感受，这样对方才愿意接纳你，从而建立共情关系。

2.如何自主地培养情商

情商高的人，不仅能控制自己的情绪，而且能根据客观情况，主动采取合乎社会规范的行为去应对人际交往。

情商低的人，不仅容易受自己的情绪和他人的言行影响，而且自我意识很差，经常没自信、没目标、没动力，遇到挫折和困难，永远都是被动接受结果，从不会懂得主动思考答案，因而总是陷入混乱、无助、焦虑的境况之中。

情商可以通过后天培养，那我们要从何入手呢？下面就来分享三种方法。

第一种：养成好习惯

有的人说话粗鄙，这是他长期以来养成的坏习惯。有的人喜欢闪烁其词，因为他习惯了这种行为方式。

习惯决定了我们遇到事情时会采取什么样的应对措施，因而每个人的际遇也就大相径庭。

习惯造就性格，性格是习惯长期积累的结果。有的人不善于跟别人沟通，遇事消极逃避，这并不全是自身性格的问题，而是他的思想影响了他的选择，他的选择养成了他的习惯，他的习惯最终塑造了他的性格。同理，有的人做事冲动霸道，因为他一直以来都在主动或被动地选择这种行为方式。

我们的消极情绪也跟自身的行为习惯有着千丝万缕的关系。当你遇到困难时，觉得退缩可以让自己免受伤害，那么在其后的日子里，只要你遇到困难，就会自然而然地继续采取这种行为方式。久而久之，你就习惯性地养成了遇事逃避的性格。相反，如果你遇到问题时迎难而上，无论能不能解决问题，都一股劲勇往直前，久而久之，就算遇到更大的困难，你也会愈挫愈勇。

想一想，面对生活中那些你无法处之泰然的事情，比如与人交往、与人沟通这类，你是不是习惯性地选择了某一种处理方式呢?

如果你总是在心里对自己说“万一我说错话，别人不喜欢我怎么办？还是不去接触了吧”或者“跟别人打交道简直是浪费时间，还是待在家里吧”，慢慢地，你就变得不愿意跟别人交往了。

你的习惯会对你的潜意识产生影响，这种影响最终会反映到你的行为选择上。而这，就是限制你提高情商的原因之一。

因此，你必须学会调整自己的行为习惯，消除性格障碍。不过，在这之前，你要分清楚什么是好的习惯，什么是坏的习惯。

英国科学家艾蒙斯说过：“习惯若不是最好的仆人，就会成为最差的主人。”如果我们按照固有的坏习惯行事，我们的进取精神就会因此而丧失。

有的坏习惯对我们的人生格局影响不大，比如贪吃。这种习惯会给我们的身体带来不好的影响，但未必是阻碍我们获得进步的重要因素。当然，如果你有毅力改变这种习惯，我相信你更有能力改变自己，获取进步。

有的坏习惯会对我们的人际关系造成不良影响，比如喜欢逃避。这时你就要有意识地给自己设定一个新的习惯，比如勇于挑战。

要想提高情商，你必须找出自己在人际交往上的坏习惯，然后努力克服并改变，进而培养出有利于社交的好习惯。

第二种：贡献自我价值

从人际交往的角度看，如果我们是需要被接纳的一方，那就应该主动贡献出自我价值，这样才能掌控主动权，拉近与他人的距离。

你的自我价值决定了你的社交实力。一个实力不济的人，就算他认识再多人，也未必能获得别人的认可。

你想融入一个圈子，首先要确认你能给圈子里的人提供哪些帮助。比如大家想举办一场演出，有的人能负责找场地，有的人能负责买礼品，有的人能负责布置道具，有的人能负责后勤，而你只想蹭吃蹭喝看热闹，连节目都出不了，那大家还愿意接纳你吗？如果你一无所长仍厚着脸皮参加这场演出，估计别人就会说你情商太低，没有自知之明。反过来，即便你做不了那些杂务，但你能调动演出气氛，别人一样愿意接纳你，说不定还会对你称赞有加。

情商高的人大都善于贡献自我价值，所谓尽绵薄之力，也比毫不出力要强上百倍，会大大提升别人对你的好感。

②第三种：多读有益的书

我们如何提高自我价值呢？最简单有效的办法就是多读一些有益的书。

有益的书能提升你的技能、思想和学识层次，对你的生活、工作、情感会有很大的帮助。

如果你被感情困扰，就读一读关于两性关系的书；如果你不懂带团队，就读一读关于管理学的书；如果你缺乏文字功底，就读一读有关写作技巧的书。

当你通过这些书获得一定程度的进步后，你的自我价值就会提升，你在别人心中的地位也会相应提升。

当然，如果你读一些锻炼情商的书，那你在情商方面也会得到显著的提升。

但由于情商是由众多综合因素决定的，所以多读一些有益的书，让自己获得更全面的知识才是最佳办法。

3.情商意识决定你的说话能力

人生中有很多需要我们表达自己的时刻。这些时刻，尽管看上去微不足道，但在蝴蝶效应的作用下，也会对我们的人生产生极大的影响。

俗话说“一句话能把人说跳，一句话能把人说笑”，它的意思不是指一个人口才厉害到能够让他人的情绪在顷刻间转换，而是指，一句话说得好或说得不好，都会产生相应的结果。会不会说话，短期来看，似乎对我们没什么影响，但从长期来看，可能决定我们的命运。

问题是，我们很难知道说什么的话对自己有积极影响，说什么话对自己没有任何帮助。即便知道了，也很难根据实际情况来决定怎么说话。这个问题的核心，是因为我们缺乏情商意识。

为什么能说会道的人情商都很高？因为这样的人能通过说话给别人提供

帮助。如果你察觉到朋友很失落，但你连一句安慰的话都说不出来，又怎么能帮到朋友呢？

有一次，我家楼下发生了一起小型交通事故，两辆摩托车撞在了一起，车主分别是一男一女。为此，男车主与女车主互相指责，彼此不让。

男车主见事故无法解决，便拿出手机拨了一个电话，没多久，附近一家室内装修公司的男老板过来了。

男老板跟男车主悄悄聊了几句后，立马走到女车主面前，帮她扶起摩托车，关切地询问她有没有受伤，有没有哪里不舒服，态度非常和蔼。

这完全出乎我的意料，我以为这个男老板会帮着男车主一起指责女车主，没想到，他的目的是调停这次事故。

以事故现场看，男车主与女车主都没有受伤，只是双方的摩托车各有损坏。女车主见男司机找来帮手，更觉得自己是受害者了，于是变本加厉地责骂起男车主。

男车主感觉场面不好控制，就提议叫交警来处理。但是，男老板依然不慌不忙地安慰女主车，说车撞坏只是小事，最重要的是人没受伤，修车以及赔偿的事可以好好商量。

经过男老板的一番周旋，女车主的态度软了下来，不再怒气冲天，开始理性讨论这起事故，最后与男车主达成了和解。

从这件事中可以看出，这位男老板是一个情商高手，他明白在什么场合说什么话，具有一定的控场能力，因而帮助男车主解决了这场事故。

想一想，当你遇到一些纠纷、误解甚至观点相左的事情时，你是怎么说话的？

情商与说话的关系

就算是沉默寡言的人也可以交到朋友，因为别人能通过他的行为来判断他是不是可靠的人。这种品质，跟情商无关，只是性格使然。但如果这样的人想提高自己的情商，就需要修炼一项技能，即说话能力。

为什么说说话能力是高情商的表现？因为说话是解决问题的一种手段，包含在办事能力里面。很多时候，人际关系上的纷扰，少不了说话能力的介入。

尽管说话能力的介入并不能保证事情可以完美解决，但唯有知道什么情况下需要开口说话，什么情况下需要闭口不言，你才能让话语发挥积极的作用，让事情往好的方面发展。

否则，你不会说话，你的沉默就对事情毫无帮助；反之，你不懂沉默，你再会说话也可能会让事情火上浇油。

也就是说，学会如何说话是掌握情商的前提。该说话的时候畅所欲言，该沉默的时候闭口不谈，这就是说话的情商意识。

怎么培养说话的情商意识

情商高的人都具有超强的同理心。别人脸色一沉、眉头一动，他就能意识到对方的情绪变化，随之采取应对措施。

同理心，就是通过识别他人情绪中的细微信号和信息刺激，敏锐地判断出他人需求与欲望的心理反应。拥有这种心理的人，懂得换位思考，能够理解他人的情感需求。他们不会只顾自己高兴，而让他人伤心。

每个人的行为背后都隐藏着相应的情感，只要你善于捕捉他人身上释放出来的那些情感信号，就可以从中发现端倪。

在此，我建议你从**面部表情**、**肢体动作**、**说话句式**、**语调语音**这四个方面去观察他人。

这四个方面，你可以分开使用，但正所谓“牵一发而动全身”，一个人如果有情绪问题，无论怎么掩饰，多多少少都会从这四个方面表现出来。比如你惹女朋友生气了，即便她一脸淡然地说“我没事”，语调语音也会急速高亢。再比如你说的话让别人感到尴尬，别人的面部表情可能会呆滞不自然，肢体动作可能会僵直不协调，说话句式可能会简短不连贯。只要你从这四个方面观察别人，就能感知别人的情绪变化。

在这个基础上，你可以运用同理心推测出别人的情感需求。接下来，如何满足别人的情感需求，就要靠你的说话能力了。

关于说话能力的培养和提高，我在本书第九章将详细讲解，此处暂不赘述。

4. 有了幽默感，你永远都不会尴尬

有些人害怕说话、不敢说话，很大一部分原因，不是他不会说话，不知道说什么话，而是他不知道该如何应对瞬息万变的沟通环境。

比如我们在路上遇到老同学，刚开始我们肯定会惊讶地打招呼，互相了解一下近况。但聊完这些之后，很容易陷入无话可说或者不知道该说什么的尴尬境地。

有了这种经历，当再次遇到其他老同学时，原本不太会说话的你就会假装没看见对方，还给自己一个理由：虽然是老同学，但跟他不是很熟，干脆别打招呼了。

其实，不想聊是很正常的选择，问题是：你是不想聊，还是不敢聊呢？

很多时候，我们往往是不敢聊，因为害怕一旦聊下去后，不知道该怎么

应对接下来的各种尴尬局面。

冷场，说错话，被别人嘲弄，甚至行为举止的不恰当，都有可能引起尴尬。

假如我们没办法化解尴尬，那么我们只能逃避它，或者不去接触它。所以，其结果是：一切能够引起尴尬的情景，我们都不敢去触碰。

那为什么我们会感到尴尬呢？

说到底，就是我们无法掌控当下的局面，或者说，当下的局面并没有按照我们心里希望的或能够接受的形势发展下去。这样一来，我们自然会觉得尴尬了。

比如你脸上长了痘痘，出去跟人交往，最不希望别人聊起这个话题。可惜，每次别人看到你，上来第一句话就是“你脸上怎么这么多痘痘啊”。这时的你，肯定恨不得找个地缝钻进去。

当然，说这些话的人未必是故意的，但对你而言，确实不怎么好受。而这种情况，你是掌控不了的，毕竟嘴巴长在别人身上。所以，如何化解尴尬就成了我们首先要解决的问题。

如果对方是一个情商高的人（这个角色可能互换变成你），看出你（对方）的尴尬，自然会反过来自嘲：“不好意思，我不应该一来就这么说。所以现在你知道，我的情商低到什么程度了。”

如果对方情商不高呢？这就要你自己来化解这个尴尬了。你可以自嘲说：“也许老天想提醒我长得很青春吧！”也可以反唇相讥：“像你这么口无遮拦的人我最近遇到比较多，所以我上火长痘了。”

当然，能够这么短时间就想出这些话的人，思维都比较敏捷。

从这点可以看出，化解尴尬需要敏捷的思维，需要你根据客观的情景，瞬间构思出合适的话语去应对问题。如果你没有这样的思维能力，自然会逃避或者不愿意接触那些社交场面。

但问题是，这种敏捷的思维往往很难手把手地教导。

怎么办？这就需要你事先想好大概的回应方式，等遇到的时候，再把它调动出来。

比如别人曾经嘲笑过你的短处，你不仅感到尴尬，而且非常生气。如果你在复盘时能想好当时怎么回应对方更好，那么以后遇到类似的情况，你就有了参考，就能快速化解。

不过，生活中的尴尬不一而足，怎么才能一劳永逸地掌握化解尴尬的技巧呢？

幽默就是一种很好的方式。

上面脸上长痘被人嘲笑的例子，我给出的两种回答方式，自嘲就是幽默的应用。

我的一个朋友就是幽默高手。有一次我和他正在餐厅吃饭，服务员拿水过来，不小心打了一个趔趄，把水溅到我朋友的身上。

我朋友并不是一个斤斤计较的人，他装作无辜地问服务员："你是不是知道我这件衣服穿了一个星期没换，所以才急着帮我洗一下呢？"

尽管服务员没有回答，但从她露出笑脸的样子可以看出，她的尴尬已经减轻了很多。

还有一个外国例子：

有一次里根在白宫发表演讲，他的夫人南希不小心连人带椅跌落在台下的地毯上，观众们见此情景，顿时鼓掌讽刺。

里根看到自己的夫人并没有受伤，于是打趣说："亲爱的，我告诉过你，只有在我的演讲没有掌声的时候，你才可以这样表演！"

这就是幽默化解尴尬的技巧。

也许你会问，为什么别人可以运用幽默，而你不行呢？因为要想发挥幽默感，你的联想能力必须要强。

怎么联想？就是把尴尬的地方跟你当前的事情联系起来。

比如上面的例子，我朋友把衣服被服务员溅到水跟衣服没洗这件事联系起来；里根总统把自己夫人跌倒引起掌声跟自己演讲这件事联系起来。

这种联想，不一定是真实存在的，也可以是想象出来的。我想，谁也不会相信我朋友那件衣服穿了一个星期没洗吧。我朋友之所以这样说，是因为夸张的说法能够脱离具体情境，让听众的思维产生错位，从而产生幽默的效果。

就算聊天聊到冷场，你也可以吐槽说："想在夏天没空调的情况下也不热，看来就是聊天冷场了。"相信听众肯定会会心一笑。

当然，幽默只是化解尴尬的方式之一，还可通过其他语言技巧来化解。但如果你能够培养出用幽默化解尴尬的能力，相信你也能顺利掌握其他技巧。

第四章

停止无效社交：

让所有人都愿意帮你

1. 为什么那么多人都有社交恐惧症
2. 如何让自己在社交中充满魅力
3. 内向的人也可以自如社交
4. 学会这十条法则，你就是社交高手

1.为什么那么多人都有社交恐惧症

莎士比亚说：“没什么事是好的或是坏的，但思维使其有所不同。”

如果我们把这种观点用在社交上，就能更好地处理人与人之间的关系。

为什么有的人很容易被别人接纳，到哪儿都能受到欢迎，而有的人即便安安静静地待在一旁，也会被别人嫌弃呢？

相信大部分人会说，无非是性格使然。这有一定的道理，但关键因素在于，每个人的思维模式决定了其行为模式，最终会导致各自面临不同的遭遇和结果。

一些内向自卑的人在社交活动中常常感到难堪，于是产生了强烈的回避心理，言谈举止中无不透露出勉强和应付，以至于被别人非议，甚至被别人排挤。这在很大程度上不是因为他们做错了什么事，恰恰是因为他们什么事都不敢去尝试。

任何人，即便是魅力四射的明星，也不可能待在家里就能建立起良好的社交关系。我们想融入社会，就不可避免地要跟别人达成某种关系。唯有把社交焦虑感降到最低，我们才能最大限度地融入不同的社交群体中。而社交的第一步就是调整我们的思维模式，摆脱负面思维模式带来的困扰。

影响我们社交的负面思维模式大概有三种：创伤性回忆、预期性焦虑和偏见性认知。

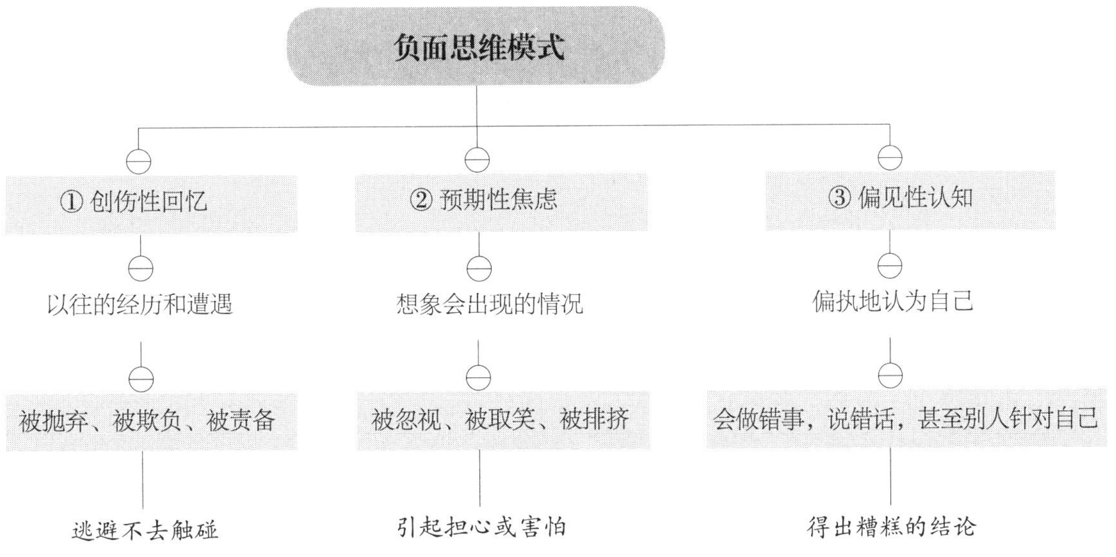

创伤性回忆，指的是过往的遭遇给我们留下的痛苦回忆。当我们再次面对相似的情景时，这些回忆就会影响我们的行为。

在恋爱关系上，创伤性回忆更容易体现出来。有的人曾被伴侣抛弃过，当他（她）再次遇到喜欢的人时，往往不敢主动争取幸福，因为他（她）担心这一次的结果会和上一次一样。这时，他（她）很可能选择逃避，尽量不去触碰，以便减少痛苦的感受。

预期性焦虑，指的是对不确定的事情过早地产生焦虑感。比如，我们准备跟某人约谈，事先担心自己口齿不够伶俐，会引起对方的愤怒，于是放弃了约谈。这种思想上的消极倾向很容易消磨我们的自信心，总觉得自己无法胜任任何事情，整天担惊受怕。一旦我们在人际交往中产生这种思想，就很难跟别人建立友好的关系。

偏见性认知，指的是对真实的事情产生歪曲的认知。上面两种思维模式，在某种程度上也属于偏见性认知。

“一朝被蛇咬，十年怕井绳”，说的就是这个问题。被前任抛弃，不代表下一个你喜欢的人也会抛弃你。担心是很正常的，但如果偏执于此，就属于偏见性认知了。

很多时候，我们对自己和他人或多或少都有一些偏见，只是还未达到偏执的程度。比如，我们总觉得别人说的话是在针对自己，总觉得自己的行为会被别人审视，总认为自己没用，总认为即将发生不好的事，等等。把一些事情过早地按照自己的意愿去定性就属于偏见，我们一定要加以注意。

想要改变这些不良的思维模式，就要做到以下两步：

第一步，明确你的想法。

第二步，选择正确的想法。

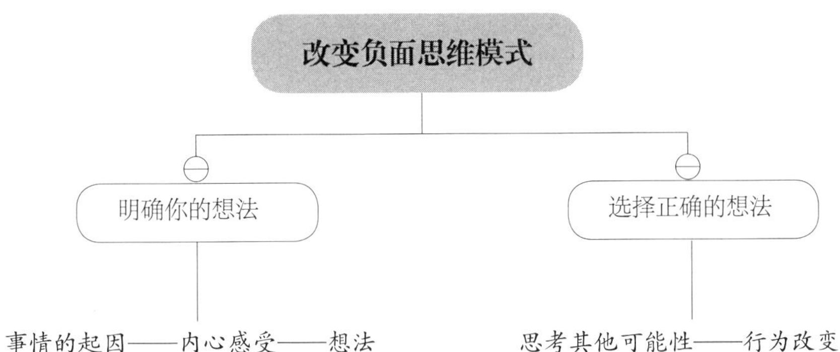

无论做什么事，我们都应该遵循这个步骤。

明确你的想法，就是要让自己确切知道，当自己处于某种情境时，内心的真实想法是什么。如果你不知道自己真实的想法，就不可能由此去改变自己的思维模式。

那要如何确认自己的真实想法呢？很简单，你只需置身于一个具体的场景中，然后设想自己可能遇到的情况。这一点，可以用过往的经验来分析得出。

具体的情景	你的感觉	事情的想法
明天要上台演讲，当着很多人的面展示	紧张，害怕，担心	觉得自己肯定讲不好，会出糗，被取笑
参加同事间的聚会	不知所措，慌乱	我不知道要说什么，他们肯定觉得有问题
我说错话，惹得朋友生我气	羞愧，内疚	我真的没用，连话都不会说

从这个列表可以看出，当你面对一件事情时，往往会对这件事先产生感觉，继而才对这件事有一个清晰的想法。正如失恋这件事，你先感到痛苦，然后才会产生“他为什么离开我了，我这辈子不能没有他”这样的想法。

所以，你的想法一定是从这件事带给你的感受中产生的。如果你对失恋这件事的感受是无所谓，甚至是解脱，那么你的想法也会发生相应的改变，说不定会变成“单身也没那么差”。

也就是说，当你产生负面想法时，首先要弄清楚它到底是由什么引起的。比如你不敢跟陌生人交谈，就要弄清楚这件事为什么会给你这种感觉，毕竟你不可能一生下来就是这个样子。你开始寻找原因，最后终于找到答案：小时候你经常被父母教导陌生人是坏人，于是你就有了这样的潜在想法：“我无法跟陌生人很好地交谈，因为我不敢接触他们。”

当你明确了自己的想法，知道其背后的原因后，接下来第二步就是做出正确的选择。

设想一下，下雨天，别人认为这种天气会影响情绪，那你的情绪是因为天气而受到影响，还是因为被别人暗示而受到影响呢？

你要重新审视自己的想法，对那些负面想法提出质疑，学会从不同的角度去思考。对于一个有社交焦虑的人来说，他选择的主观想法往往是对自己不利的。比如一个熟人从他身旁走过，没有看到他，什么表示也没有，他可能会认为别人看不起他，故意忽视他。

但这种想法是不是事实呢？未必。这时，你必须选择正确的想法，也许别人只是想事情太过入神才没有留意到你。你不能局限于一种可能，还要看到事情的其他可能性。

很多人深受社交焦虑和自卑内向之苦，在生活方式和人际交往中都受到了极大的困扰，往往就是因为他们没有选择正确的想法。他们只选择一种负面的想法来解读遇到的事情，又怎么可能做出正确的选择呢?

为此，我们可以通过一个表格来转变自己的思维，在前面的三种事项上，再加上三种。

具体的情景	你的感觉	事情的想法	其他可能的选择	感觉的变化	行动计划
明天要上台演讲，当着很多人的面展示	紧张，害怕，担心	觉得自己肯定讲不好，会出糗，被取笑	只要练得熟，应该不会出现问题，正常发挥就好	放松，自然	学习演讲的技巧，多多练习。提高自信
参加同事间的聚会	不知所措，慌乱	我不知道要说什么，他们肯定觉得有问题	我可以尝试简单打打招呼，搭搭话。就像平常一样	淡定，微笑，顺其自然	培养社交能力，学会聊天找话题
我说错话，惹得朋友生我气	羞愧，内疚	我真的没用，连话都不会说	从这件事中吸取教训，避免下次再犯，做得更好	坦然，平静	说话之前多想一想，不能随便说话

改变自己的负面想法不是一蹴而就的，你可以把它们记录下来，以便提醒自己抓紧时间做出改变。

记住，每当你遇到一些事情，脑海中首先出现的是负面想法时，你都要审视这个负面想法到底是事实还是偏见性认知。接下来，你要思考其他可能性想法，从中选取正确的想法去改变，去行动。

当然，最后还要说一点，不要给自己太大的压力。

一些缺乏自信的人为了提高社交能力，往往会急于求成，希望自己能从沉默寡言一下子就变得幽默风趣，有种不鸣则已一鸣惊人的感觉。可一旦意识到自己做不到，就开始担忧、怀疑、退缩，最终还是回归到负面的思维模式中。

我们都是普通人而已，干吗要对自己提出那么多不合理的要求呢？人是慢慢变好的，而不是摇身一变就脱胎换骨的。对自己，对他人，保持一颗平常心就好。

2.如何让自己在社交中充满魅力

你需要提高社交能力吗?

你会不会因为不懂如何体面地拒绝别人而苦恼不已?

你会不会因为不懂如何跟喜欢的人交往而黯然神伤?

你在生活或工作中的人际关系是不是处理得不尽如人意?

所谓社交，并不是说你必须左右逢源，跟任何人都能聊得来，而是说当你处于各种交际场合时，能够融入其中，不会给人一种孤傲、另类、高冷的疏离感。

这才是我们需要掌握社交技能的真正原因。

社交与我们的情绪有着密不可分的联系。举个最直观的例子：情侣之间吵架，让男生头疼的是，吵到最后，女生针对的并不是问题本身，而是演变成因为男生的语气和态度不好而对他不依不饶。也就是说，“你敢凶我”比起“你忘记给我买礼物”这个问题本身更让女生气愤。

情绪是具有传染性的。当你参加一场肃穆、悲伤的葬礼时，不可能欢呼雀跃地唱一首《小苹果》。

正因为情绪有这个特性，所以只要我们进行社交，就不可避免地被社交氛围影响到情绪。

我们每一天的情绪波动又会形成情绪损益。你今天觉得愉快还是觉得难过，取决于你的情绪到底是有收益还是有损失。收益比损失多，你就觉得愉快，反之，你就觉得难过。

这就是为什么热情大方的人会给人很好相处的感觉，自卑内向的人会给人局促不安的感觉。跟前者在一起你会觉得心情明朗，跟后者在一起你会觉得心情压抑。因此，你更喜欢跟前者打交道。

语气、语调、态度、面部表情、行为举止等，都会左右我们的情绪。别人怎么做，会影响到你；你怎么做，也会影响到别人。你无法控制别人，但可以控制自己。所以，善于控制自己的情绪，才能在社交中得心应手。

≷ 和谐人际关系的三要素

明白了情绪对社交的重要性，接下来我们要了解社交中一些技巧。

虽然并不是每个人都值得我们用心去维系感情，但至少我们要懂得如何跟他人保持良好的社交状态。这就涉及建立社交的三个要素：

1. 对象的关注性。

2. 情绪的积极性。

3. 双方的一致性。

先说对象的关注性，这很好理解，因为每个人都渴望得到别人的关注，竭尽所能想让别人注意到自己。换位思考，别人何尝不是这样想的呢？

两个人在交往期间，能够体会到彼此的感受，明白各自的心情，谈论共同感兴趣的话题，产生相见恨晚的感觉，这是一致性的体现。

而全神贯注地倾听对方说话，不但是尊重对方的表现，更是获取对方好感的一种方式。苏格拉底有句话，学会聆听比学会说话更加困难。毕竟人都是自私的，恨不得自己如众星拱月般受到重视。

有的情侣之间产生矛盾，就是因为其中一方不懂得倾听，动不动就发表自己的高见，生怕另一半小瞧了自己。

想要成为一个受欢迎的人，你首先要成为一个合格的听众，将关注点放在他人身上，然后根据他人的反应和感受来调整自己的话语和行为。

其次就是情绪的积极性。有句话说得好，不是因为你感到开心才会笑，而是因为你笑才会感到开心。当你将积极的情绪运用在社交上，自然会受到别人的欢迎。为什么幽默的人更能获得别人喜欢？就是这个原因。

那些充满魅力的人，不仅善于表达自己，而且能用积极的情绪引导他人。

想一想明星们在演唱会上是怎么做的吧！他们一出场就热情四射地大喊：“朋友们，你们好吗？我爱你们！”然后歌迷就开始疯狂地欢呼呐喊，情绪被点燃起来！

如果明星死气沉沉地说出这句话，你会是什么感觉？这就是语气和态度的作用。

人与人之间就是这样，当你面对他人的时候，如果自己的情绪一直低沉、消极、萎靡，那么别人的情绪损益自然也会偏向负面。

所以，很多书籍教导我们如何变得自信，如何变得健谈，如何变得幽默，就是为了营造这样一种社交氛围。有了这种积极的情绪氛围，才能在社交中带给别人正面的感受。

举个例子：如果你想追到喜欢的女生，那就得先学会调动她的情绪。当你变成她的情绪开关，一言一行都能影响她的情绪时，她对你的感觉也就日益增加了。

最后就是双方的一致性。

一致性就是说双方的情绪非常和谐，说话没有相左的意见，没有很大的差异，沟通起来很融洽。

双方下意识的动作和习惯越是一致，交流的效果就越好，彼此的印象也就越好。

相逢恨晚的感觉，可以是真，可以是假，这要看你抱着什么目的。

如果你想自然而然地找到那个合拍的对象，可以将这事交给缘分；如果你想让别人觉得你就是那个合拍的人，可以利用一致性来达到目的。

我们喜欢与自己性格相似、三观相似的人交往，而讨厌不符合我们认知的人，这也是一致性的体现。

真正的社交高手都善于角色扮演和表现自我，懂得控制自己的情绪，隐藏自己那些破坏法则的任性行为，以一种符合社交需要的角色去面对各种社交场合，从而达到一致性。

所谓的从容老练，就是懂得站在别人的立场看问题，懂得体会别人的感情。

谈论对方感兴趣的话题就是为了取得这种一致性，这也是让你受欢迎的一种方法。

≷ 提高社交能力需要什么素质

1.培养社交自信。

自信对一个人的重要性，我在本书开头已经具体讲过了。

对于所有想建立良好社交关系的人来说，自信是必不可少的素质。试想，如果你连跟别人打交道的勇气都没有，又怎么可能获得别人的认可呢？

要想提高社交自信，你一定要主动出击。你可以先从生活中比较常见的情景练习，比如跟服务员或销售员聊一聊有关商品的事情，以此增强自己的场合适应力。

此外，你要给自己一定的心理暗示，相信自己是个很棒的人。比如你看到某位演讲大师非常厉害，就要给自己打气："终有一日我也可以在万众瞩目之下进行演讲"。

当你建立起社交自信，无论碰到什么样的人都不会再战战兢兢，自然有机会跟他们进行深层次交流。

2.提高说话能力。

你能够声情并茂地背诵古文吗？你能够抑扬顿挫地朗读文章吗？你能把一个普通的菜单以各种语气念出来吗？不会？建议你坚持练习一个月再来说提高说话能力吧！

一个人的自我表达能力再强，如果没有专业知识的支撑，也不可能有什么用处。

所以，只有把话语技能中的基础知识都领悟明白，再着手学习社交技巧才会事半功倍。当你清楚明白到些概念之后，好口才才能水到渠成。

3.改善人际关系并不是一件难事。

步入社会以后，我们不可避免地要处理各种人际关系。

有些人你可以避而不见，但有些人却是你人生路上必须面对的挑战。处理好了，你的人生就会变得更顺利；处理不好，你的生活乃至工作，很可能会被它影响。毕竟你的一天过得好不好，在很大程度上取决于你与人相处得怎么样。

因此，当你发现自己的情绪经常被人际关系影响的时候，就应该有意识地改善你与人相处的方式了。

那我们怎么知道自己与人相处的方式是好还是不好呢？

其实，我们固有的行为就是决定我们人际关系的重要因素。

想象一下，假如你是一家公司的新员工，第一天去上班，面对陌生的同事，你会怎么建立你们之间的关系？

现在有两种选择给你。第一种，主动打招呼，热情地跟每个同事问好；第二种，默默地走到自己的工位上，埋头工作，从不主动跟其他人联系。

那么你能够想象到，这两种行为会让你的人际关系朝着哪种方向发展吗？看上去，第一种选择，会让你很快跟同事打成一片，相处融洽；第二种选择，会让你一直默默无闻，谁也不认识谁，关系糟糕。

然而问题是，很多人刚开始热情主动，但相处久了，人际关系却变得越来越差。相反，原本默默无闻的人，随着交往时间的增加，反而会获得很多人的喜欢。为什么会这样呢？无非是为人品行的问题。

而为人品行，则是我们的一种固有行为。这种固有行为，其产生的效果会被时间放大，最终影响我们的人际关系。也就是说，刚开始，你装热情和友善可以让人际关系在短期内得到改善，但“日久见人心”，当你的某一种行为长期发挥作用的时候，你的人际关系就会由此而获得不同的结果。

不过，你的固有行为可以分为“有心”和“无意”两种。如果你的为人品行并没有太大的问题，那为什么刚开始人际关系很好，后来却变得越来越糟糕呢？

为了回答这个问题，我们必须引入人际交往中“关系节点”这一概念。所谓关系节点，就是可以让我们的人际关系变好或变差的行为选择时刻。

当你面对关系节点的时候，如果有意识地去选择有益于他人的决定，你的人际关系就会变好；反之，你无意间选择了有损他人的决定，你的人际关系自然会受到威胁。

比如，你陪同事去买东西，店家没有零钱找给你的同事，这时就是一个关系节点，你如何对待这件事会影响到你和同事的关系。如果你想让彼此间的关系更进一步，可以借零钱给同事，或者索性替同事把那个东西买下来。

每段关系，我们都能通过把握关系节点打造出来。你有意识地选择有益于他人的举动，你与他人之间的关系就会越来越融洽；反之，则越来越糟糕。

每一天，我们可能会遇到不止一个关系节点，怎么对待这些关系节点，决定了我们人际关系的走向。同时，他人会通过我们的行为来评价我们的为人品行。

那我们要怎么把握关系节点呢？其实记住一个法则就行了，即与人为善。

当然，与人为善必须建立在两个前提下：一是你所做的事一定是你力所能及的；二是你的行为不会给对方造成太大的心理压力。

比如你心仪的人看中了一款LV手包，如果你有能力购买，那么你送给对方也无可厚非。但就算你有能力送给对方，对方在面对你的好意时也可能会产生心理压力，这不仅提升不了你们的人际关系，而且会让对方不敢再继续接触你。

所以，无论你有什么样的性格，当你在生活或工作中遇到人际关系节点时，要如何改善它、加强它或运用它，统统由你决定。而事实上，对于关系节点，你不仅可以被动等待机会，还可以主动创造机会。

如果别人找你借零钱是被动等待的机会，那么你发现对方这一需求，主动把零钱给对方，就是主动创造机会了。

识别关系节点的关键，就是观察识别对方的需求；而主动利用关系节点，就是满足对方这个需求。

对方伤心，你安慰鼓励；对方高兴，你祝贺赞赏；对方无聊，你搞怪逗笑；对方遇到困难，你乐意分担解决。这些都是识别关系节点，满足对方需求的方式。

因此，改善人际关系，归纳起来有六个步骤。

第一，关注彼此。在人际交往开始之前，这一步非常重要。没有关注，你就发现不了对方的需求，你们也就没办法走到一起。简单的一声问好，也是主动创造关系节点的行为，是关注彼此的开始。

第二，成就对方。这一步决定了两个人的关系进展。成就对方，指的是为对方的利益着想。如果你发现对方的需求，却没有成就对方，那么就算你遇到再多关系节点，你的人际关系也不会有任何改变。在人际关系中，必须要有一方主动的。只要觉得适合，主动奉献出善意，为他人服务也未尝不可。

第三，培养相互关系。有了第二步成就对方，那么接下来就需要你去培养两人的互动关系。因为前两步只需要你一个人去做就行，但这一步，则需要对方投入到这段关系中来。你可以让对方陪你看电影，甚至帮助你找工作。也就是说，当你通过前两步跟对方建立了浅层的情感关系之后，第三步则用来加深彼此的关系。毕竟单方面付出，任何关系都是不会长久的。当然，如果重复了几次前两步后，对方依然没有任何反馈，那么就算放弃这段关系也不用太介怀了。

第四，重塑反应。无论是相处还是交谈，我们只需保证自己的反应可以促使关系继续维持下去就可以。有时候你的反应对方未必喜欢，这时你就要重塑反应。经营关系的一个要点就是，你既要考虑到自己的需求，也要考虑到对方的需求。只有互利共赢，你们的关系才能持续下去，这也是深层关系的保证。所以，当你发现自己的反应不符合这一原则时，重塑反应能够让你修补破损的关系。

第五，加紧进攻。当你做了前四步，说明这时的你已经付出了很多，此后，你就可以坚持自己的想法和观点，并加以实施。面对对方，你一定要敢于表达自己的思想，不必事事迁就对方。

第六，保持联系。当你们的关系稳定下来之后，保持关系的活跃度还是非常有必要的。你可以跟朋友半年甚至一年都不见面，但偶然间，你必须主动关心对方。比如在微信朋友圈看到朋友有烦恼，你一两句关切的问候，或者打电话问候一下，也是一种有效的保持关系热度的方式。

如果你能够发现生活中的关系节点，然后主动去把握它们，运用它们，相信你的人际关系肯定会变得越来越好的。但是，你必须敢于踏出第一步。

3.内向的人，也可以自如社交

不敢当众发言，喜欢默不作声地躲在一旁。

身处陌生的场合时，浑身感到不自在。

很容易被别人忽略，一点儿存在感也没有。

习惯忍气吞声，即便自己占理，也不愿争辩。

……

性格内向的人，大多具有以上特点。

性格内向到底好不好呢？其实，性格并没有好坏之分，只有当你面对特定的事情时，你的应对方式才决定了事情是何种走向。这时，外向者的应对方式和内向者的应对方式就会显示出很大的区别，最终导致事情的结果大相径庭。

比如在一场面试中有两个能力相差无几的人，一个外向，另一个内向，外向者可能会热情大方地自如应对，积极地展示自己的能力，而内向者可能会被动地一问一答，无法展示自己的能力。在这种局面下，外向者被录用的概率会比内向者大得多。

关于外向和内向，并没有一种泾渭分明的定义。心理学家在判断一个人是外向还是内向时，通常会以性格倾向作为准则。例如：

外向型性格	内向型性格
喜欢与人相处	更喜欢一个人独处
一个人时会闷得发慌	身处人群时会瘆得慌
说话往往先说后想	说话往往先想后说
善于表达自己的想法和看法	习惯在心里思考自己的想法
感情外露，精力充沛	情感含蓄内敛
愿意跟他人分享自己的世界	不太喜欢让别人进入自己的世界
喜欢口头交流多于书面交流	喜欢书面交流多于口头交流
注重广度，世界观广博	注重深度，世界观较为深邃

从这个表格可以看得出来，外向型性格和内向型性格并没有优劣之分，充其量只是一种行为方式的偏好。

内向的人之所以经常纠结，是因为这种性格偏好影响了他从事某种活动的结果，比如恋爱中不主动可能会错过爱情，工作中不喜欢沟通可能会错失客户等，于是便把所有不好的结果都归结于自己的性格。“我就是这样的个性”“我就是喜欢一个人待着”，这是内向者防卫心理的惯用说辞。

不过，既然是偏好的差别，那就是可以调整的，内向者一样能融入外向者的特点，突破性格上限制。

≷ 限制内向者的障碍

要想克服内向性格的限制，你首先要知道自己会遇到哪些障碍。

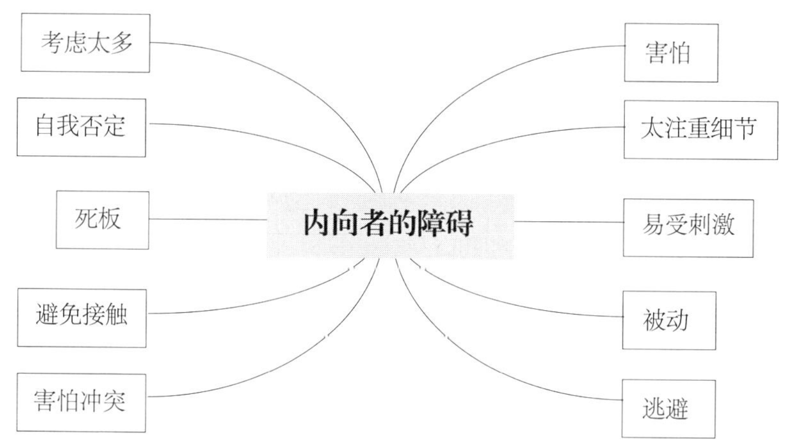

障碍一：害怕

与人交流时，总是羞怯或者不自信。

障碍二：太注重细节

喜欢关注细枝末节，而忽略更为重要的大局。

障碍三：容易受到刺激

一旦外界发生变化，自己就很容易受到影响，心理压力大增。

障碍四：被动

不懂自我激励，永远被动接受，故步自封，停滞不前。

障碍五：逃避

遇事逃避，总是待在舒适区。

障碍六：考虑太多

事情还没发生就已经瞻前顾后，过分思虑，在乎别人的眼光，担心不该担心的。

障碍七：自我否定

将所有不好的结果都归结于自己，经常认为自己能力不足。

障碍八：死板

在人际交往中习惯顺其自然，不能灵活主动应对。

障碍九：避免接触

不愿意跟他人接触，甘于待在自己狭小的朋友圈里。

障碍十：害怕冲突

一旦感受到压力就会害怕冲突，害怕矛盾，容易屈服。

这10种障碍，多多少少在内向者的性格里都有所体现。我建议内向者先对自己有一个深入地了解，对照这些障碍，看看自己到底占了几种，再有的放矢地进行调整。

Ƶ 克服的法则

破除内向性格的限制并没有立即见效的秘诀。一般而言，在生活中实践锻炼才是最好的方法。

美国著名的职场人力资源专家珍妮弗·康维勒提出了循环4P法则，即Preparation（准备）、Presence（展示）、Push（推动）、Practice（练习），以此来帮助内向性格的人改变自我。

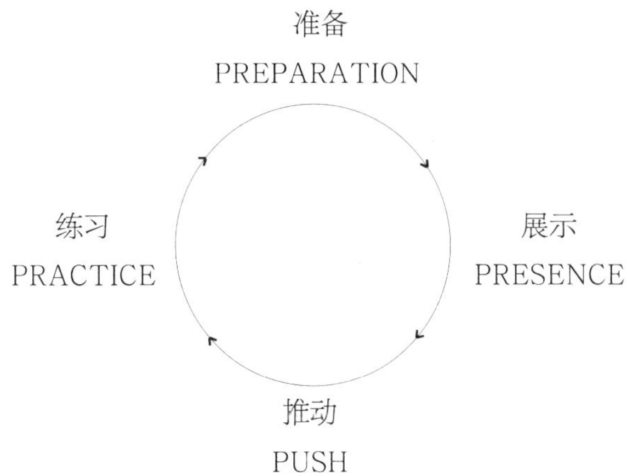

4P法则，从准备开始，到练习结束，再从头开始，循环往复，形成一个闭环。应对上文提到的内向者的那些障碍，这四个步骤里面，每一步都包含了相应的解决方法，内向者可以运用这个法则来锻炼和提高自己的各种能力。

准备

机会总是留给有准备的人。

你面试，需要准备；演讲，需要准备；就连约会，也需要准备。可以说，做任何事都少不了准备这个环节。

问一问自己，你总是害怕跟别人接触，但你为此做过准备吗？想一想即将跟你见面的那个人是什么性格，他有哪些喜好，工作是什么，多掌握一些对方的信息，多准备一些可能会聊到的话题，那么当你真正跟他交流时，自然会心里有谱，而不会语无伦次，不知道说些什么好。

准备工作可以应用在生活中的方方面面，无论是旅游计划、购置物品，还是面试就职、相亲会面，都需要你做好准备。

做事前先准备妥当，你就能应对自如，即便遇到突发情况，也不会惊慌失措。

展示

展示意味着你能找到自己的价值，从而让别人发现你的能力。比如一些高情商的人，他看到别人愁眉苦脸就会送上关怀，看到别人心情紧张就会予以安慰，这就是他的价值与能力的体现。

内向的人也应该懂得展示真实的自己。你并不是沉默寡言，只是不善于表达。一旦你找到属于自己的展示方式，就能在人群中拥有自己的位置。别人滔滔不绝地谈论各种趣事，你可以偶尔搭话，抛出一两个相似的见闻，这种做法既适合自己，也不会有太大的难度。

懂得展示，你才能让自己大放光彩。

推动

这种事你从来没有做过，也不懂得怎么做，但你推动自己去做，最终让自己又多一种经验。这就是推动的作用。

比如你觉得社交很吃力，那就推动自己进入朋友圈，适应朋友圈带给你的感觉。如果你无法一蹴而就，不妨从进入小的朋友圈开始做起。

推动自己勇敢尝试，你就会知道，原来自己还可以做成很多事。

练习

熟能生巧，练习的作用不用多说。

练习能让你精通某项技能，由此消除心理障碍，从而提升自信心。

以上就是4P法则的要点，只要多多运用，你肯定能克服内向性格的限制，活出全新的自己。

4.学会这十条法则，你就是社交高手

如何改善人际关系，很多著作中均有相关建议，但我认为，《人性的弱点》中提出的十条法则是最为精简、专业的。下面，我结合自身经验为大家解读一下。

第一条：真诚地对别人感兴趣。

事实上，这条法则对于人际关系的提升是最具效果的。每个人都希望别人注意到他的价值，如果你对别人不感兴趣，态度骄蛮，别人也会用同样的态度对待你。你跟别人相处，一定是依附着你的个人价值。不过，要做到这点，你首先要有自我价值，否则，别人不可能无条件对你关怀备至。

第二条：尽量记住别人的名字。

每个人都很看重自己的名字，如果你每次与别人见面都能喊出对方的名字，对方不但觉得你有礼貌，还会对你增加好感度。

第三条：成为一个友善的听众

在交谈中，你愿意专心致志地倾听对方说话，可以让对方获得被尊重的满足感，从而建立起友好的气氛。

第四条：谈别人感兴趣的话题。

这条法则对应第三条法则，倾听自然很重要，但沟通是双向的，如果你不懂得回应对方，不能搭话，就很容易被对方忽略。谈论对方感兴趣的话题，可以把彼此间的情感连在一起，甚至还可以由此打破僵局，消除隔阂。

第五条：经常让别人感觉到他很重要。

试想一下，一对情侣，女的什么事都可以包办，男的想表现一下自己的男子气概都没有机会，那么男生还能体现出自己的价值吗？肯定不能。人际交往也是这样，你总是自吹自擂，让别人觉得无地自容，别人肯定不愿意跟你打交道。适当糊涂一下，将“逞英雄”的机会让给别人，才有益于增进彼此的感情。

第六条：避免当面伤害别人的感情。

人都好面子，你当面批评、挖苦别人，非但无法让对方意识到自己的问题，还容易引发对方的反击。你可以用婉转、间接的语句指出别人的问题，比如不要说“你真笨”，改成“你要继续努力才行啊”。

第七条：有错要主动承认，争辩要有分寸。

一个成熟的人，发现自己做错了，应当立刻承认。你越是为自己的错误争辩，越是会疏远与他人的感情。维持人际关系的一大法则，就是尽量避免争辩。如果真的不是自己做错，不得不跟对方争辩，你至少要在争辩中显示出自己的大度，把握好分寸，不要说一些刻薄、伤人的话，一定要控制好自己的情绪。

第八条：愿意给别人提供帮助。

谁都喜欢跟助人为乐的人做朋友。最好的关系，是双方都能够时常从对方身上得到某些好处，不管是情感上的支持，还是利益上的来往。如果你希望跟别人建立友好的关系，适当给对方提供一些力所能及的帮助，别人会很开心的。不过，需要注意的是，千万不要用一种讨好的态度帮助别人，这样很容易让对方觉得你有求于他。比如，你主动帮上司整理文件，上司就会觉得你有事求他。所以，你一定要以一种平等的姿态去待人，让对方知道，帮他是情分，不帮他是本分。

第九条：多从别人的角度考虑问题。

主动站在别人的角度去想，很多事就会变得豁然开朗。比如一些内向的人，看上去似乎很高冷，其实他们只是不懂得如何跟别人交往而已。如果我们愿意了解他们的内心世界，就不会觉得他们是疏离于人群的怪人了。

第十条：言行一致，不要言而无信。

在人际交往中，诚信是最为宝贵的东西。即便是参加聚会、户外运动这种再平常不过的事，如果你经常不守时，经常临时变卦，别人也不愿意继续跟你交往。如果你在一些重大事项中失信，甚至会引发别人的憎恨和报复。所以，就算你有其他各种缺点，也要维护住守信这个优点。

这个世界什么样的人都有，你不可能获得所有人的喜欢，但只要你善于运用这十条法则，你的人际关系一定会越来越好。

第五章

摆脱思维懒惰：

用思考让勤奋价值最大化

1.如何辨别一件事的真伪

2017年台风“天鸽”袭击我国珠海、香港、澳门等地区时，网上流传出这样一段视频：

一位男子在被水淹没的路上蝶泳，行为很是怪异。很多网友因此嘲笑该男子居然敢在台风天“水中作乐”，简直是拿自己的生命开玩笑。

不久后，从另外一个角度拍摄的视频又发布出来，这才真相大白，原来该男子不是傻到在台风天蝶泳，而是急着去救人。

知道真相之后，之前误会该男子的网友纷纷道歉，同时向他的英雄行为致敬。从这件事可以看出，人们总是喜欢看热闹，对事情背后的深层原因却缺乏思考。

心理学上有一种归因理论，说的是人们喜欢根据事件结果推测事件起因，但问题是，一旦人们找到看似正确的表象之外的事件起因后，往往容易忽略表象之内的深层原因，以至于做出错误的判断。

好比“一个男生抛弃了女朋友，跟另外一个女生在一起了”，当我们看到这句话，首先映入脑海的是什么呢？也许你会想，这个男生喜新厌旧，绝对是渣男。

一旦我们找到看似能够合理解释这件事的起因时就会停止思考，不再继续寻求其中的深层原因。

如果我们继续探究这件事，说不定这个男生抛弃女朋友的真正原因是：女朋友一直跟别的男生有暧昧关系，而且经常厮混在一起，最后男生忍受不了，找了另外一个更好的女生。

可惜，事情背后的原因，我们往往不会花费精力去思考，毕竟事不关己，看个热闹就算了，那么认真干吗？

而这，正是很多人一直缺乏独立思考的原因。

我曾经说过，所谓独立思考，就是“不跟随他人的想法，不只看表面，而是对客观现象认真探究并提出意见的思维方式”。这种思维方式，最重视的是“证据”。

基于此，我们在判断一个事件时，一定要先解决3个问题：

1.确认自己对当前事件的理解程度。

2.确认自己对当前事件还没理解或者不明白的部分，然后查找相关数据补充认知。

3.通过思考得出自己的意见。

只有这样，你才能保证自己的看法更接近事实真相。如果你一直坚持自己固有的思维方式，不肯改进，那当你遇到问题时，就很容易受别人影响，无法做出正确的选择。

想一想，你平时遇到害怕的东西，比如看到老鼠会害怕得大声尖叫，那开车时发生突发状况，是不是也害怕得只管尖叫，不立刻处理问题？有过驾驶经验的人都知道，处理突发事件的应变能力是多么重要。而固守原有的思维方式，对问题的解决根本于事无补。

此外，无论何时何地，我们都要注意自己的情感思维是否被劫持。所谓情感劫持，就是我们的情感思维比理性思维先一步做出反应的行为。比如独自在黑夜中行走，突然出现的声音会让我们感到害怕，这时我们的情感就被害怕的思维劫持了。因为我们很难立刻做出理性反应，无法判断出这些声音是从哪里来的，会不会对我们产生危险，只能暗自害怕。但这种情感劫持，对我们是有益的。

然而，看到男子在台风天蝶泳，很多人幸灾乐祸，无情嘲笑、这种情感劫持是有害的。

有害的情感劫持，轻则会让我们看不到事情的真相，引起不必要的误会，重则也许会让我们的身心受到重创，甚至付出生命的代价。

在台风“天鸽”来袭期间，发生了这样一起悲剧。

一位大叔的小货车被台风吹得左右摇晃，为了不让小货车受到损失，大叔迎着强风去推小货车，结果小货车被台风吹翻了，砸死了大叔。

尽管这起悲剧让人扼腕叹息，但大叔在事前和事发时的行为，显示出他缺乏成年人该有的理性和常识。

就算他有各种原因想要保住小货车，也应该对台风怀有敬畏之心，毕竟都发布了台风预警，如果他还不当回事，就太不应该了。

而敬畏的做法，就是在顾及自身安全的前提下再去做其他事。当他发现小货车被台风吹得摇摇晃晃时，马上就应该意识到台风的强度，这已经足以威胁到他的生命。况且，就算不刮风，单凭一个人的力量，也是很难推动一辆小货车，这时完全没必要做无谓的努力。

从这起悲剧可以看出，一个人对风险预判而调整思维应对的能力是多么重要。如果我们坚持按照固有的思维方式去行动，不肯随机应变，终有一天会为此付出代价。

这些都是错误的思维方式，我们必须加以注意。

所以，培养独立思考的能力，摆脱情感劫持对自身行为的影响，我们的生活才会变得越来越好。

在这个世界上，做傻事并不可怕，没有意识到自己正在做傻事才可怕。掌握正确的思维方式，就是避免我们做傻事的重要保证。

2.想解决问题，必须具备分析能力

我上小学时，喜欢看侦探小说。

名侦探在接到离奇案件后，总是能运用自己那出神入化的推理分析能力抽丝剥茧，排除干扰，最终把案子侦破。

我时常希望自己也能够拥有这样的分析能力，就算不做刑侦警察，这对于解决日常生活中的问题也是大有裨益的。

不过，提高分析能力并不是一蹴而就的，这需要经验的积累，更需要知识的辅助，最重要的，还需要思维上的变通。

分析能力是什么？就是把看到、听到和接触到的东西，根据某种目的，整理出头绪和脉络，从而帮助自己解决问题。

当我们面对难题时，要懂得根据不同的对象灵活运用各种方法，从多角度、多方面去分析，找到问题的核心以及与此相关的各种事物之间的联系，这样才能得出解决方案。

那我们要具备什么条件，才能掌握分析能力呢？

☡ 观察力的培养

首先，你的观察力一定要强，要善于注意生活中的细节。

回顾一下《福尔摩斯探案集》小说里面的一个片段。

当时，福尔摩斯和华生坐在扶手椅上，两人讨论“看”和“观察”之间的区别时，展开了这样的对话。

福尔摩斯说：“华生，你经常看到从下面大厅到这间房子的台阶吧？”

华生答道：“经常看到。”

“多少次了？”

“不下几百次吧！”

福尔摩斯问：“那你说这个台阶有多少级呢？”

华生很惊讶：“多少级？我不知道！”

福尔摩斯说：“那就对啦！因为你没有观察，你只是在看。我知道有17级台阶，因为我不但在看，而且在观察。”

当看到这个段落，我挺惊讶的。如果说福尔摩斯观察一个来访者，从对方鞋子上的泥土就能判断出对方去过哪些地方，从对方怀表的破损情况就能推测出对方的生活习惯，这些推理过于夸张的话，那么关于台阶的观察就非常生活化了。

问题是，谁会这么无聊地去观察台阶有多少级呢？

其实这个故事给我们的启发是，“看”是被动的，而“观察”则是主动的。观察跟分析能力相辅相成，缺乏观察，分析也就无从谈起。

观察是一种有目的、有计划、有步骤的知觉活动，要提升自我的观察力，就必须从以下几方面入手。

第一，你必须确定自己观察的目的是什么。

比如上面福尔摩斯数台阶的故事，对于普通人而言，观察台阶有多少级并没有成为他们的目的，但对于福尔摩斯而言，这也许是他日常观察的任务之一。正因为他想观察这个事物，所以他就能够把事物的特征引入脑海里面。

当然，我们还需要把这个观察目的分解成一系列细小、能够逐个解决的小目标。比如你想知道一栋楼有多少级台阶，那么你必须先观察每一层的台阶有多少级。

第二，观察应当系统有序地进行，这样才能够把握事物全貌，而不至于有所遗漏。

不管你从上到下观察，还是从左至右观察，还是按照时间线或空间位置的变换观察，你都必须有序进行。否则线索东一头，西一头，如果你观察得不系统，又怎能梳理出符合逻辑的头绪呢？

第三，尽可能多的让自己的感官参与到观察的任务上。

千万不要以为观察是眼睛的事情，有时候身体感觉、肢体触摸，甚至嗅觉都可以帮我们提升观察力。

第四，最好把观察的结果记录下来。

正所谓“好记性不如烂笔头”，多动笔，将观察结果整理成一系列的资料，更有益于我们进行分析。

看到这里，是不是只要这样培养观察力，我们的分析能力就能提高呢？

不一定。因为分析能力还需要一项硬性条件，那就是我们的知识储备。

2 知识多寡如何影响你的分析能力

看过《福尔摩斯探案集》这本小说的朋友应该都知道，为什么这位大侦探可以从一个人的肤色就能判断出他去过哪里呢？因为这个人身上显现出来的特征，跟福尔摩斯脑海中的知识能够对应起来，他稍微一推理，就能够得出答案。

好比你学习过英语，还了解过英式英语与美式英语的发音差别，所以当你看到一个外国人说着一口标准的美式英语时，就能推测出他很有可能是美国人。

解决问题，需要以自身的知识储备为基础，并调动思维、分析、判断和选择能力。你拥有什么样的知识，决定了你能够分析什么样的问题，能够解决什么样的问题。

术业有专攻，医生懂得分析医学上的问题，律师能够分析法律上的问题，这就是专业知识带给他们的能力。

然而，当我们面对专业知识以外的问题时，能否分析出前因后果，就取决于我们拥有多少解决这个问题的背景知识。

一些侦探机构，探员为了提高自己解决各种问题的能力，必须学习自然科学、政治学、经济学、军事学、艺术学、文化学、社会学、心理学、逻辑学等学科的知识。有了这些知识，他们面对日常生活中的绝大部分问题，都能够游刃有余地解决。

作为普通人，我们没必要全部掌握上述各门学科的知识。但我们分析问题时，有两点必须注意：

1.你必须知道解决当前这个问题需要哪类知识。

2.你必须要根据这个问题，有针对性地调动这类知识。

比如你家厕所的下水道淤塞了，这时你就要想一想造成淤塞的原因是什么。经过思考，你想到了平时洗头积聚下来的头发堵住了下水口。针对这一点，你就要清楚知道，要清除这些头发，到底需要利用哪些知识。随之，你就能找到解决方案，要么用铁丝把头发勾出来，要么用化学物品溶解掉头发。

那么，我们如何分析问题呢？方法其实很多，可以根据条件推理，对比类似的问题，通过实践去调整；还可以运用联想法、模拟法、淘汰法、回溯法，调动发散思维、创意思维等。

所以，当你遇到一个暂时束手无策的问题时，根据上面两点来开启自己的思考方向，有针对性地去学习和掌握相关的知识，就能提高自己分析问题的能力，找到解决方案。

☡ 提高分析能力必须扫除的障碍

要想提高分析能力，我们必须要扫除以下四个障碍：

1.**迷信权威**。权威不可能总是正确的，如果任何事都按照权威的建议去做，而不愿意主动思考，很容易把分析的方向弄错。

2.**先入为主**。对事实的分析，应该尊重事实本来的面目。如果遇到问题总是采取先入为主的看法，就会存在偏差，无法得到正确答案。

3.**轻率概括**。缺乏独立思考能力的人，常常单凭一些道听途说的言论就得出结论。这不符合逻辑规范，因而很容易出错。

4.**自欺欺人**。不能正确认识自己的能力，不能对自己的具体情况进行客观分析，按照固有思维去分析问题，无异于自欺欺人。

分析能力是我们解决问题的重要工具，刻意锻炼、培养这种能力，我们才能遇事不慌，有条不紊地找到解决方案。

3.你必须拥有逻辑思维

有的人很喜欢思考，但由于不得其法，最终变成了胡思乱想。正确的思考，必须以逻辑思考为基础。逻辑思考的核心方法，可分为归纳法和演绎法。

✑ 归纳法

归纳，指的是从部分到整体，从特定事例到一般事例的思考过程。它以经验和实证作为基础，并从中得出结论。

也就是说，要想通过归纳法得出一个结论，必须经过一定数量的观察，才能推导出一个广泛而具有普遍性的规律。

比如你在A地看到一只黑色的乌鸦；在B地又看到一只黑色的乌鸦；在C

地还看到一只黑色的乌鸦；甚至在D地、E地、F地都分别看到一只黑色的乌鸦，经过对这些个体的观察，于是你得出一个结论：乌鸦都是黑色的。

可以看得出来，每个地方的乌鸦都是独立存在的个体，但经过观察各个地方的乌鸦，就能总结出一个普遍适用的结论，即乌鸦是黑色的。

这种归纳推理在我们生活中无处不在，十分常用。几乎所有科学研究和实验都是通过归纳法得出结论的。所谓的“经验总结”，正是归纳法的一种应用。

但这种推理方法也有局限性，就是我们从中推导出来的结论不具备必然性，仅仅只有可能性。比如天鹅这种动物，以前人们一直以为天鹅都是白色的，于是白天鹅就成了纯洁无瑕的代名词。

后来，当人们发现了一只黑天鹅后，“天鹅都是白色的”这个结论就立刻被推翻了。从此，“黑天鹅”也被寓意为不可预测并且不同寻常的重大事件。

归纳法是基于对实例的观察，但我们不可能观察到这个世界的全部事例。换言之，几乎所有基于归纳推理得出的结论都有可能被推翻。除非你能证明，你的观察是基于全部事实来进行的。

2 演绎法

如果说归纳法是从特殊到一般的推理过程，那么演绎法就是从一般到特殊的推理过程。这种推理方法是由前提推导出结论，只要前提是真的，那么结论必然是真的。

例如：

人会死。（大前提）

孔子是人。（小前提）

所以孔子会死。（结论）

“人会死”和“孔子是人”就是前提，而“孔子会死”就是结论。只要“人会死”和“孔子是人”这两个前提是真的，那么“孔子会死”这个结论就是真的。假如前提是假的，如“人会飞”，你通过这种推理形式得出“孔子会飞”的结论，必然是假的。

那么，这个前提是怎么来的呢？我们又怎么论证它是真是假呢？这时就只能依靠归纳法了。很多演绎推理的前提，都是通过归纳法得出的结论。

我们平时评价一个人，比如“小明这么笨，让他做这件事岂不是很容易搞砸”，也是一个演绎推理，但它的前提是什么呢？

这句话的大前提被隐藏起来了。如果把它挖出来，这个大前提就是“笨的人容易把事情搞砸”。于是，整个推理形式就是：

笨的人容易把事情搞砸。（大前提）

小明是一个笨人。（小前提）

让他做这件事，也很容易搞砸。（结论）

而这个演绎推理的前提，是我们观察了很多笨人把事情搞砸而归纳出来的结论。将小明评价为一个笨人，也是观察他做了很多蠢事以后而归纳出来的结论。如果这两个前提是真的，那么“让小明做这件事容易搞砸”这个结论一定是真的吗？

未必，因为这两个前提无法确定是完全可靠的。归纳法的局限是只能基于一定数量的观察，而不是全部数量的观察，难免会出现例外。也就是说，“小明的蠢”很可能是我们的主观臆测，而不是全部的事实。

所以，尽管这个演绎推理没有任何问题，但结论依然不算可靠，只能用作参考。说不定在某些事情上，小明会表现得非常聪明，不是吗？

因此，我们平常说话时要特别注意表达的逻辑。我们想表达小明不能胜任这件事，最好是说“小明做这些事不太擅长，让他做容易搞砸”，而不要一开始就判定小明是一个笨人。

根据前提可以得出结论，但前提是真还是假，又要怎么判断呢？这时，我们就需要批判性思考了。

批判性思考，意味着你能够批判性地判断事物的真假是非。

这种思考形式，并不是说你遇到什么事情都用反对的姿态去评判对方。而是指，你应该谨慎地审视这件事的真假是非，不要跟随别人的思路来得出答案。

所以，有意识地培养批判性思考的能力，对于我们的工作和生活都有很大的帮助。而自我意见建立法，则是一个很好的基础框架。

批判性思考最重视的就是你说话的依据。你的意见和想法都必须建立在有理有据的前提下。于是，我们得出两个问题：

1.作为依据的内容，是正确的吗？

2.这些内容作为依据，有足够可信度吗？

我们总是习惯单凭直觉或者个人喜好来发表自己的看法，这样不但不能深入分析问题，而且得出的解答经常流于表面，很难给予自己或别人实质的帮助。

因此，遇到有争议的事情时，无论你反驳对方也好，还是发表自己的意见，都要善于运用批判性思考来探寻真相。

2 思考问题的四个步骤

有了上面的基础知识，我们就可以掌握正确的思考方法。不过，我们还要遵循以下四个步骤：

第一步，提出问题。

对于一些人而言，提出问题是整个思考过程中最困难的一步。他们遇到事情后，即便感觉事情是错误的，也说不出一个所以然来。

如果你无法针对事情提出相应的问题，就不可能找到问题的解决方法。

多提几个为什么，有助于我们发现问题的本质特征。比如，你说小明很蠢，什么事都做不了，那为什么你这样觉得呢？你是基于什么理由得出这个结论的呢？

可见，想要解决问题，首先得学会提出问题。

第二步，分析情况。

一旦你遇到了问题，就要从所处的环境中尽可能多的寻找线索。

在分析问题的过程中，不要被一开始就找出来的解决办法和答案所诱导，因为很可能除此之外，还有其他更接近事实的办法。你应该强迫自己去寻找与这种情况相关的所有信息资料，然后以此来深入分析思考。

在思考问题的过程中，一些能够给予你帮助的基本问题是：

在什么地方能够找到解决这个问题的信息资料？

有谁能够帮助你解答这个问题？

在解答这个问题的过程中，你已经做了哪些工作？

如何把事实、感觉、假设、谣言分割开来？

类似这些问题，可以帮助你理清思绪。不管是从别人的口中得来的资料，还是从其他渠道得来的信息，你都要分清楚哪些是有用、有价值的，哪些是混淆视听，有可能影响你做出正确判断的。

因此，你只能接受那些以事实、正确假说为基础的意见，不要被其他人影响你的思考。

第二步，确定方法。

一旦你找出问题，分析了情况之后，就要尽快找到解决问题的办法。

在这一步，千万不能循规蹈矩，一定要根据客观情况来思考。正如你遇到了学习上的困难，正好别人也遇到了学习上的困难，那么当你向别人请教解决之法的时候就要仔细判断一下，别人的情况与你的情况到底有什么相同之处。

总之，不要采用那些还未经过检验的解决方法。别人的意见只能当作参考，不能全盘接受。这就是批判性思维的价值所在。

第四步，检验证明。

一旦找到了解决办法，你就要对其进行检验和证明。当然，在检验途中，你也要多问自己几个问题，比如怎么做才能更好地运用这些方法，什么情况下更适用这个做法等。

这时，演绎法就能派上用场。多问几个“如果”，针对方法给出“假设”，然后逐步验证，筛选正确答案，你就会一步步接近真相。

在日常生活中，当我们遇到问题时应经常运用这种逻辑思考法去寻找答案，如此我们会变得更加聪明，也不容易从中迷失自己。

4.创意思维的魔力

我们解决问题时，除了会用到逻辑思维，还可能用到创意思维。

所谓创意思维，就是跳出常规思维，以逻辑思维外的方式去解决问题的思维形式。

好比你跟女朋友吵架，逻辑思维的解决方式是“以理服人”，但很明显，这种方式只会火上浇油，无济于事。

而采用创意思维，则不再执着于跟女朋友讲道理，而是懂得制造惊喜，用意想不到的方式让女朋友转怒为喜，比如讲笑话、做鬼脸、送礼物，甚至来个深情拥吻都是逻辑思维以外的解决方法。

创意思维不但能解决我们生活中的一些问题，还能提升我们的口才能力。千万不要以为口才只是逻辑法则的运用，很多时候更需要具备创意思维能力，把话说出各种花样。

很多笑话都是创意思维的运用。比如一个女生问男朋友："你觉得我哪里最美？"

逻辑思维的回答，通常是"你的样子，你的身材，或者你长得不算美"这类常规答案，但运用创意思维，跳出常规，就可以这样回答："你的大脑！"

"为什么呢？"女生不解。

男朋友说："因为你经常会想得美！"

那怎么才能提高我们的创意思维呢？在给出答案之前，我们有必要了解一下我们是怎么思考问题的。

2 解决问题的思维

在日常生活中，我们很多行为都是按照固定的模式来反应的，这样可以节省精力，无须在那些琐碎的事情上费脑子，比如起床刷牙，去哪里坐车上下班，怎么跟熟人打招呼等。

可一旦遇到新情况，这些反应程序就变得无效了，我们必须启动解决问题的程序。而这个程序，通常会用到两种思维形式：聚合性思维和发散性思维。

当我们从一个特定范围去分析某个问题，或者说把精力集中在一个点上时，就是在运用聚合性思维。

而当我们从比较宽泛的角度审视一个问题，收集各种信息，思考不同的方案时，就是在运用发散性思维。

聚合性思维是让思路集中在一点，发散性思维则是让思路向四处扩展。前者像是显微镜，后者则像是广角镜。

在解决问题的过程中，这两种思维都非常重要。不过，相比之下，我们更加擅长聚合性思维，常常忽略发散性思维。

想一想，对于铅笔的功能，你是不是首先想到写字呢？可能很难想到铅笔也可以用来做临时发髻。

“人生就像一出戏”，针对这句话，你能够运用发散性思维给出解答吗？比如“因为每个人的人生经常大起大落，像电影剧情那样有起有伏”，“因为我们都是人生中的主角，有着自己的故事”。你给出的解答越多，说明你的发散性思维能力越强。

我们解决问题时，一定要根据具体情况选择恰当的思维方式。若尝试了聚合性思维后始终找不到答案，就要尝试一下发散性思维了。

那我们怎样才能有效调动这种思维呢？有两点需要注意。

第一，保持好奇心。

接受现状是对创造力最大的扼杀，这会导致我们墨守成规，故步自封。当我们发挥创造力的时候，必须对事物保持一种挑战心理，对事物保持好奇心。就算1+1=2，你也要想一想，在什么情况下这个等式不成立呢？

第二，不要急于评判点子

扼杀创造力最快的方法，就是当你有一个想法后立马自我否定。进行创意思维时，任何想法都可以提出来，先不论它是好还是坏，有用还是没用，最重要的是让思维迅速运转起来。

有了这两点做前提，我们就可以利用不同的方法来激发自己的创意思维了。具体的做法，大概有三种。

头脑风暴

头脑风暴是创意的孵化器。

一般而言，头脑风暴最好由一群人参与。如果只有你自己，那一定要遵从以下四个基本规则：

1.数量比质量更重要。不管对错，不管好坏，只要你有了想法，就大胆提出来。

2.想法越新奇越好，不要担心自己被看成傻瓜。所有想法，无论看起来多么愚蠢，在未得到正式验证之前，都应该得到鼓励。

3.在头脑风暴进行期间，千万不要急于下结论。不要一听到新想法后，就立刻否定，这会遏制自己的思考能力。

4.从一个想法延伸出另一个想法，绝对是可行的，这会使想法更加完善。

头脑风暴的目的是碰撞出“新奇而合理的想法”，这就是创造力的核心。要想让自己的思维更开阔，一定要学会放飞思维，让好的想法喷涌而出。

一人分饰两角

你肯定听过用“天使与恶魔”代表自己脑海中正面意见和反面意见的说法。

没错，当你思考一个问题的时候，你也可以运用这种方法来激发自己的思考。一旦你想出一个答案，这时你就要分解出另一个你，用以提出各种反对观点或者对自己不利的证据，从而让你的观点更经得起推敲。

有时候我写文章也是这样。我每次写文章，都会提出与既定主题相左的观点，看看是不是有什么漏洞。一旦发现漏洞，我就会及时修改，尽量完善这个主题。

一人分饰两角这种技巧，会迫使我们思考主题的另一面。当我们能够全面看待问题的时候，思维就会变得更加开阔。

多用提问题来思考

发挥创意思维的最好办法就是多给自己提问题。

不断自问，你会越来越接近最满意的那个答案。

诸如“为什么会这样做呢”“除了这个方案，还有没有更好的呢”“为什么不能简单一点儿呢”……提出这些问题，你的思维就会发散开来，最后找到那个真正的解决方案。

所以，当你无法用逻辑思维解决问题的时候，尝试一下发散思维，就可能收获意想不到的答案。

第六章

自我管理：

每个人的成功都是自我控制和坚持努力的结果

1. 没时间不是借口，你只是不懂时间管理
2. 戒了吧，拖延症
3. 优秀的人，从来不会输给情绪
4. 如何构建合理的知识结构

1.没时间不是借口，你只是不懂时间管理

经常有朋友跟我取经，问我有什么办法提升自己。

我说，每天坚持阅读吧，养成阅读的习惯，就可以用书本里的知识潜移默化地提升自己。可是，他们全都给了我一样的回答：“没时间。”

我不否认每个人都有自己的兴趣爱好，阅读只是其中一个。然而，如果你想提高自己的能力和价值，为什么总把时间用在把酒言欢这种无效社交上，而不用在阅读、学习这种有效的努力上呢？

如果你连最基本的阅读都没有时间，那么就算想参加某些培训班，肯定也做不到了。

从这个现象可以看出，不懂时间管理已经成为阻碍我们进步的重要因素。

高效的时间管理，不仅能让我们妥善处理生活中的各种事情，而且能节

省精力、提高效率，从而避免不必要的时间浪费。对于高品质勤奋而言，这是非常重要的一环。

你说自己没时间，那就先弄清楚其中的原因。很多时候，你以此作为托词拒绝别人，这种没时间其实是很有时间的表现，因为你没必要把时间用在一些毫无价值的事情上。

但是有的人没时间，往往是因为不懂自我安排。无论在工作中还是在生活中，如何有效地利用时间提高做事效率才是我们应该掌握的技能。

那什么是时间管理呢？就是把既定的工作安排在既定的时间内完成。比如你决定每天用一个小时看30页书，那么无论这一个小时你放在早上还是晚上，只要用来阅读了，就完成了既定安排。

但是，如果你用这一个小时玩手机，看两三页书就放下去做其他事，回来又看两三页，然后又去做其他事，那么这一个小时就被你浪费了，因为你没有完成你的既定安排。

在这一个小时里，你定下的任务是看30页书，若完成了既定安排，那就是成功的时间管理，否则就是没有有效利用这个时间资源。

当然，在一整天里，我们不可能只有“看一个小时书”这个安排。无论是工作上的任务，还是生活上的杂事，都会占据我们的时间，怎么把这些事务有条不紊地处理好才是我们应该重点考虑的。

简而言之，时间管理就是事务管理，而事务则可以根据紧急程度和重要程度来进行分类。这个分类就是按照时间管理的四象限来划分的。

第一类，重要且紧急。

第二类，重要但不紧急。

第三类，不重要但紧急。

第四类，不重要也不紧急。

对于这种分类，每个人的认知会有所不同。有的人认为工作重要，有的人则认为照顾家庭重要，当这两件事同时出现时，不同的人就会有不同的取舍。所以，这四类事情怎么安排，只能靠个人去衡量。

但是，要想合理地安排这四类事情有一个先决条件，就是你一定要有一个明确的时间目标。比如你认为接小孩放学这件事很重要，至少要知道孩子的放学时间；你认为写工作报告很重要，至少要知道上交报告的截止时间。

只有你的目标明确了，才能合理安排时间。如果目标不明确，你很可能会一直拖延下去。而拖延，正是时间管理的最大障碍。

所以，每天对各项事务进行选择和安排是时间管理的关键。你可以选择下午做运动，安排两个小时；选择晚上参加夜校培训，安排两个小时；选择睡觉前阅读，安排一个小时。这样一来，你做事的效率自然就会更高。

当然，我们没必要好像机器人那样，把每天的事务都安排得死死的。每个星期的一、三、五你可以选择阅读、健身、写作这些事务，二、四、六可以选择聚会、参加培训班、锻炼口才这些事务，星期天可以选择逛街、看电影、购物等事务。这样，你每天都过得不同，每天都过得很充实。

此外，需要注意的是，一件事务需要多少时间完成，你要有一个评估。

举个例子：随便看10页书，半个小时就可以，但倘若加上写笔记、思考回顾这些工作，有可能一个小时都不够用。

你把事务分类之后再加上用时评估，然后选择合适的时间段去完成，只有这样，你的努力才是高效率的，而不是瞎忙活。

最后，按照我说的这些内容，简化成下面五点。

1.有意识地进行时间管理。

如果你觉得把生活过得毫无章法也无所谓，那么时间管理就跟你无缘了。因为时间管理的基础是，你要有意识地支配自己的时间，而不是被动地应付每一天的事务。要想提高自己的效率，让自己的勤奋产生价值，你就必须主动了解自己的时间是如何安排的。

2.设定一个清晰的目标。

有一个清晰的目标是时间管理的第一步。你一定要明确自己想要达成的目标以及如何实现它，否则即便时间被你荒废了，你也不会在意。

3.学会给事情分门别类。

人都是有惰性的，事情不压到你喘不过气来，你就不会认真起来。一些紧急但不重要的事情会不断剥夺你的注意力，而一些重要但不紧急的事情就会一直被你拖延下去。比如人生目标和学习目标对你来说都很重要，但往往因为不紧急而被你忽略了。只有懂得分类，你才能根据优先次序去处理这些事情。紧急重要的就立刻去完成，重要但不紧急的就稍后安排时间去完成。

4.给所做的事情评估用时。

如果你觉得只用一个小时就能完成某件事，那就预留一个小时。当你评估失误时，要么会影响事情的进展，要么会浪费不必要的时间。

5.给自己创造一个不受打扰的环境。

专心致志才能更好地完成任务，如果你总是被打扰，很可能会事倍功半。当然，不受打扰的环境，除了客观的环境，还包括主观创造的环境，比如不玩手机，不看电视，直到任务完成才接触这些东西。

找到自己需要管理的事务，然后针对性地给自己制定一个日程计划，最后坚持下去，你工作的效率就会大大提升。

2.戒了吧，拖延症

每个人都爱拖延。

书桌堆满文件，懒得整理；衣柜里一堆衣服，懒得收拾；定下了目标，懒得行动。一个该打的电话，一份该写的报告，诸如此类事情，但凡可以延缓一下时间就不会立即完成，这些情况都属于拖延。

其实，一定程度的拖延属正常，但如果长期习惯性拖延，就有可能是心理或生理失调的表现。

心理学家认为，拖延是人们对抗焦虑的一种办法，而焦虑是我们做出一个决定或开始一项任务时出现的症状。

不过，当我们因焦虑而习惯性拖延时，就患上了慢性拖延症，它可分为激进型和逃避型两种。

前者能够自信地在压力下工作，喜欢把事情拖到最后一刻才顶着压力完成；而后者则缺乏自信，觉得再怎么努力也无济于事，于是迟迟不肯付诸行动。

当然，无论哪一种拖延，都是与自我控制对立的冲动形式。也就是说，大部分喜欢拖延的人，都认为拖延不会给他们带来真正的危害，但事实恰恰相反。

完美主义也是导致拖延的原因之一。某些拖延的行为并不是拖延者缺乏能力或不够努力，而是完美主义在作祟。

他们觉得，多给他们一点儿时间，他们就可以把事情做得更好；增加某些条件，他们的行动就会更有效率。一旦客观条件满足不了他们，他们就会拖延下去，以期等到条件成熟后再行动。其实，即便客观条件满足了他们，他们依然有其他理由拖延下去，因为完美的情况是很难完全满足的。

可见，拖延的背后混合着各种因素，改变它并不轻松。我们需要明白的是，解决拖延，首先要学会接受拖延。

为什么呢?

因为如果你想完全把它剔除，大脑就会产生抗拒，这种做法会消耗你大量的精力，最后你只会更加放任自流。

我们必须顺应身体的需求慢慢缓解这一症状。针对这个特点，我们可以从以下几个方面入手解决。

☡ 弄清焦虑的原因

习惯拖延的人，通常担心自己实际工作的结果与想象中不一样，于是产生强烈的焦虑感，最后打了退堂鼓。

比如我们设定了一个目标，刚开始时踌躇满志，觉得努力之后就能如期实现，但是随着行动的推进，我们发现困难越来越多，心情也变得越来越焦虑。为了减轻焦虑，我们只好放弃行动，以此来缓解迟迟不能达成目标的恐惧。

所以，如果我们拖延的目的是为了缓解焦虑，就要通过克服焦虑来改善自己的行为。

正如上面这个例子，我们可以把总目标分解成一个个能够预知结果的小目标，每当完成一个小目标就会受到一次鼓舞，焦虑也就不复存在了。

☡ 对正确的行动设立奖励机制

小时候做完假期作业，我会让家人带我去公园游玩；完成工作下班了，我会约上几个好友把酒言欢，畅谈心事。这些都是行动后的奖励。

可惜很多时候，我们常常忘记给自己一些奖励，以至于完成一件事与没完成一件事，在个人感受上并没有太大的差别。

心理学上提出的延迟满足的概念，说的就是这样一种奖励机制。为了追求更大的目标，获得更大的享受，我们必须克制自己的欲望，放弃眼前的诱惑。

这种延迟满足的能力是保证我们获得进步的一种方式。因为努力过后，我们可以得到满足，也就是奖励。

尝试给自己一些奖励，不一定每天都设定奖励，可以每周奖励自己一次，这样你做起事来才更有积极性。

多肯定自己的能力

你原本要参加一场聚会，但聚会临时取消了，你非但不觉得可惜，反而暗自庆幸。

如果你有这样的经历，那么你很可能是一个习惯拖延的人。为什么这么说呢？因为你的表现意味着你缺乏自信，这会直接导致你在行动上扭捏迟缓。

缺乏自信的人经常对自己的能力表示怀疑，遇到事情时，会习惯性说“我不知道怎么做”。还没开始行动就否定了自己，这比拖延还要可怕。

所以，要想消除拖延，你必须多肯定自己的能力，即便没把事情做好，也不要轻易说自己能力不足，而要从其他方面寻找做事的要诀。

立刻行动

把各项事务做好时间安排之后，最重要的就是行动起来。

你可以在手机里下载一个带有提醒功能的软件，将每一项事务都设定好提醒时间。

比如每天晚上九点，我的手机就会提醒我写文章；如果我忙着做其他事，迟迟没按计划写作，手机在九点半就会发出第二个提醒。

有了这种提醒方式，我们就可以养成立刻行动的习惯了，拖延症自然能得到改善。

3.优秀的人，从来不会输给情绪

成熟的人都懂得处理自己的负面情绪。什么是懂得处理？就是不会轻易被各种负面情绪影响。

工作出现意外，你为此感到生气，需要发泄。如果你把这种情绪发泄到别人身上，甚至是最亲近的人身上，你的心情有可能会由阴转晴，但别人呢？别人又怎么宣泄因你而得到的负面情绪呢？如果他又把这些情绪发泄到其他人身上，一传十，十传百，这个世界不就充满了怨气吗？

情绪是有感染性的。

一旦你控制不了自己的情绪，伤害了别人，或者你被别人的负面情绪影响到自己，周而复始，你的生活只会变得越来越糟糕。到时不但你的身体会出现各种情绪并发症，就连你的人生也可能陷入悲观消极的循环之中，最终发展成抑郁症。这种情况，谁都不愿意见到。

所以，学会处理自己的负面情绪是你变成熟的第一步。

那到底要怎么处理自己的负面情绪呢？可以从两个方面入手：一是培养自己外在的能力；二是提高自己内在的情商。

外在：提高自己处理情绪的能力

1.从一开始就熄灭负面情绪的苗头。

每个人在生活中多多少少都会出现一些情绪上的问题。

比如下雨了，逛不了街，你觉得很压抑。这时，你就要控制这种情绪，而且要在短时间内将它消灭在萌芽状态，不要让它扩展、蔓延。

所以，你必须从主观上意识到自己现在正处于某种负面情绪中，然后刻意地去调整和转移这种情绪。

心理学认为，人们发脾气、吵架，往往是情感冲破理智造成的。当你还有理智，还能意识到自己正处于负面情绪中时，就要主动采取控制措施，从苗头上熄灭负面情绪之火。

做一些事疏导自己的情绪，找人倾吐烦恼，看一会娱乐节目等，都是不错的措施。

2.学会自我反省。

反省的方式有三种：写日记，沉思，开阔眼界。

从心理学的角度来看，写日志是一种能够让人心情平静的方式。不是你平静下来才可以写日记，而是当你开始写日记了，就不得不平静下来。

以前网页日志盛行时，我写了大概五百篇日记，那些伤感、彷徨、不安的情绪，在无形中消失在我的文字里。我控制情绪的能力也因此得到了很大的提高。

如果你能把每天影响自己情绪的事情记录下来，不断反省自己的做法，久而久之，你的情绪就会得到净化。如果你在写作期间融入了自己沉思后的感悟和心得，情绪净化效果会更好。

当然，如果你还是无法宣泄自己的情绪，开阔自己的眼界就是一种更立体的解决方式。无论是看一些积极有趣的影像，还是看一些情绪管理的书籍，甚至是看一看其他人的生活状态，都能让你的负面情绪得到缓解。

3.处理好你的人际关系。

人与人在相处过程中很容易出现一些小摩擦。如果你处理不当，就可能产生负面情绪，从而影响到你的生活。

因此，我们要提高个人修养，尽量不给别人添麻烦，保持适当的距离，坚决不做有悖道德的事情。不过，如果别人无端攻击你，你也要用合理合法地方式进行适当反击，不能忍气吞声、逆来顺受。

当然，最大限度地提高自己的社交能力，跟周围的人都能其乐融融地相处，这才是消除负面情绪的好方法。

≥ 内在：提高自己的情商

结合上面所说的外在三点，然后对应下面说的几点建议，以此来提高自己的情商，就能让自己的情绪得到大大改善。

1.不要苛求自己。

情商高的人从来都不会苛求自己，而是主张尽力就好。有些人做事要求十全十美，总是因为一些小瑕疵而郁郁寡欢，长此以往，就容易形成消极心态，什么事都不容易做好。如果我们把目标和要求定在自己的能力范围内，自然会变得积极向上。

2.对他人不要有过高的期望。

每个人都有自己的价值观和行为方式，你认为某些现象是大快人心的，别人未必持相同的观点。

每个人也都有自己的能力局限和认知短板，你认为某件事很容易做到，别人未必觉得容易。

很多人都按照自己的标准去要求别人，假如对方达不到自己的期望值就觉得失望。这只是自寻烦恼而已。对于他人，保持平常心就好了。

3.适时妥协。

很多事我们无法完全掌控在自己手里，有时候不得不做出妥协。

人生这么长，一时的失利又算得上什么呢？所以，一定要培养自己开阔的心胸，凡事从长远去看，只要大前提不受影响，就没必要斤斤计较，这样才能减少许多不必要的烦恼。

懂得适时妥协的人也是情商高的一种表现。因为能屈，则能伸。

4.善于从光明的一面看待事物。

任何事情，从不同的角度去看，就会有不同的感受。此时此刻觉得不好的事，也许以后会带给你正面影响。顺其自然，随遇而安，尽力之后，无愧于人，无愧于己，你就有资本拥抱快乐。

² 改变可以改变的事情

如果你觉得现在这份工作做得不开心，那就辞职再找一份吧。什么？你不敢，你不能，你不行？事实真的是这样子吗，还是你认为是这样子呢？

事实是不能改变的，但很多时候我们却困于自以为不能改变的事实里面。其实只要我们敢于迈出第一步，一切都会豁然开朗。

让自己的情绪变好的方法很简单，就是做一些能让自己开心起来的事情，千万不要压抑自己。

在大的层面，也许我们无法完全做自己想做的事情，然而在小范围内，我们完全可以改变某些情况来调整自己的心情，从而让生活逐渐变得更好。

对任何人来说，情绪稳定都是非常重要的。你的人生过得积极乐观还是消极悲观，完全由你的情绪决定。学会控制它，懂得处理它，你才有更多的时间和精力去解决人生里其他更大的难题。

从今天开始，管理好自己的情绪，做一个能够掌控自己生活的人吧。

4.如何构建合理的知识结构

当今社会，一个人知识的多寡，决定了他能不能很好地解决生活或工作上的难题。

知识的背后是思维的培养。当我们对某些事情拥有相关知识时，也就拥有了解决这类事情的思维。

然而，世间事物千千万，我们不可能掌握所有问题的解决方法。让医生解决探索太空的问题，不但浪费人力、物力，更会导致各自知识领域的人才无法发挥出自身的优势。

所以，管理好自己的知识，建立一个相对合理的知识结构，让自己解决问题的思维涵盖生活中的大多数方面，就显得尤为重要了。

那怎么才算得上是合理的知识结构呢？可以从三个层面出发。

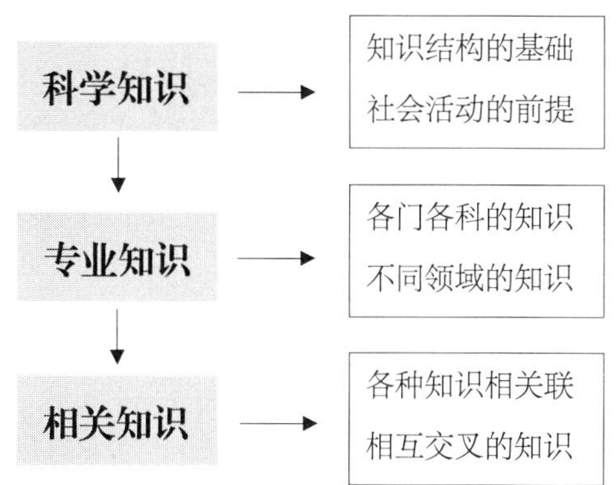

从上至下，这三种知识对我们的工作和生活都具有深远的影响。

科学知识，我们生存在这个地球上，就必须遵循各种物理法则。一些基本认知，如长时间缺氧会窒息，长时间直视太阳会损伤眼睛等，我们都要有一定的了解。而这些基本的科学知识，能保障我们更安全地生活在这个世界上。

专业知识，是我们赖以生存的一技之长。专业知识可以培养我们解决问题的能力，锻炼我们的思维，确立我们的生存价值。比如医生，他用专业知识治病救人；企业家，他用专业知识帮助公司追求利益最大化。三百六十行，行行出状元，说的就是专业知识的应用。

相关知识，是跟生活或工作有关的知识。这些知识不一定非常实用，但积累下来，就能提升我们的生活效率和生活质量。比如一个小说家，要想创作出惊世骇俗的故事，除了具有文字功底、构思能力等专业知识外，还需要了解生活中的知识和其他专业范畴的知识。因为小说中的人物千变万化，不可能只有一种面孔，相关知识掌握得越多，写出来的小说就越精彩。

了解了以上三种知识，我们就要学会建立合理的知识结构。一般来说，应该遵循三个原则：

原则一：专与博相结合

鲁迅曾说："应做的功课已完而有余暇，大可以看看各样的书。即使和本业毫不相干的，也要泛览。"

这句话的意思是，读书一定要广博。但单纯的广博，就不容易将涉猎的知识系统化，所以专一地读书是非常有必要的。

不过，我们还应该明白，积累知识需要专与博相结合，这两者是相互依存、相辅相成的。在学习专业知识的基础上，做到广博阅读；在广博阅读的过程中，对专业知识进行印证，从而达到"一理通则百理明"的境界。

随着时代的发展，单一型人才会有各种局限，复合型人才则更受欢迎。以专业知识为主，同时兼备多种知识结构，就能让自己发挥出更大的能力。

原则二：以个人情况为基准

每个人对各种知识的领悟能力各有差异，因而拥有的知识结构也各有不同。

文学家拥有的知识结构，可以让他发挥出文字和语言的魔力；企业家拥有的知识结构，可以让他掌握高水平的管理技能。

个人的兴趣和发展需要，决定了他应该掌握的知识方向。知识是无穷无尽的，确立了自己的方向，然后积累相关的知识，才能更好地学以致用。

原则三：及时调整自己的知识结构

旧有的知识体系老化，就会被新出现的知识替代。如果我们不及时调整自己的知识结构，很可能会落后于人。

几年前，社交软件并没有现在这么多。现如今，我们可以选择多种社交软件与他人沟通。老一辈的人，如果不懂得运用社交软件，在联系他人方面就少了很多便利。也就是说，谁能掌握新的知识，谁就能增加新的能力。

现代科学技术发展如此迅猛，知识量成倍增加，单纯地掌握专业知识是难以适应时代需求的。所以，多学习一些新知识，多多充实自己，就能更好地适应社会的发展。

除此之外，我们还要根据自己的目标来调整知识结构。随着自身兴趣爱好、物质需求、精神需求以及客观条件的变化，我们的目标也会发生变化，及时调整自己的知识结构就显得尤为重要了。

比如你现在是一个小职员，平时很少跟别人交流，也不用学习演讲技能。但是，当你升迁为公司的领导时，为了满足商家和合作伙伴的需求，就要学习演讲技能。

很多事情，往往不是先学好了再做，而是做之前就要开始学。如果你想把事情做好，建立合理的知识结构是必做的准备。

2 建立知识结构的方法

建立知识结构大概有三种常用的方法，分别是系统法、网状法和移植法。

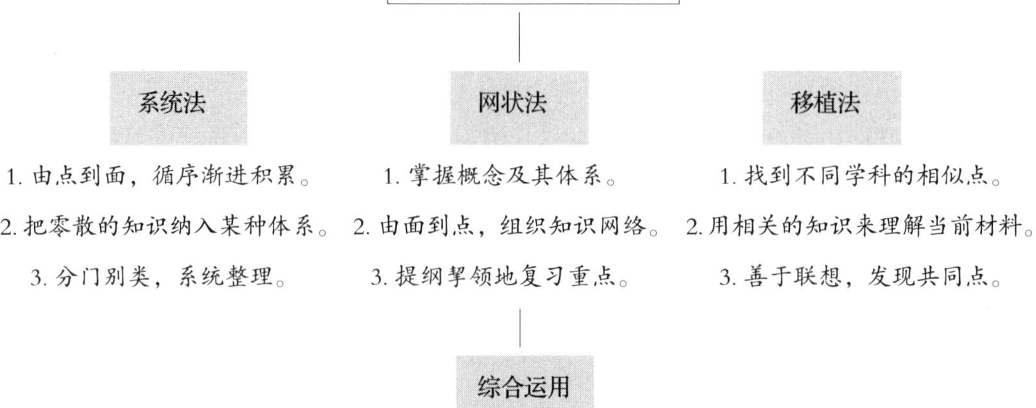

系统法，指的是在积累知识的过程中，按照一个完整的体系来整理知识的思维方法。比如我们围绕着一个主题来搜集相关资料，就属于系统法。按照一定的要求，把那些零散而不统一的材料组织起来，构建一个完整的逻辑体系，就能把知识整理成系统的门类。

网状法，指的是把学到的知识整理成有逻辑顺序、结构清晰的体系。我们读一本书时，只须按照目录框架简化书中的内容，把重点组合起来，抽取概念或原理，就可以清晰地了解整本书的体系。我们常用的学习工具，如思维导图，也是利用这一点来梳理知识的。

移植法，指的是把学到的知识用科学的方式应用到其他类似的范畴上，以此来理解或解决其他范畴的事情。比如《孙子兵法》原本是解析古代战争的指导书，但用在商业竞争上，就属于知识的移植运用。

很多时候，本专业知识的用途不一定局限在本专业上，也可以应用到其他专业上。只要我们善于发现各种知识之间的共同点和类似点，就能运用移植法来解决更多的问题。

在实际操作中，我们可以交叉运用上面三种方法，以便建立一个属于自己的合理知识结构。

第七章

完善目标：

守住你对做事本身的热爱

1. 目标定得不对，你再努力也是白费力气

2. 微目标是持续成功的关键

3. 定期检视自己前进的方向

4. 为什么你那么努力，却毫无进步

1.目标定得不对，你再努力也是白费力气

设定一个目标对我们的成长非常重要。否则你整天瞎忙，到头来都不知道为什么而忙，这样的勤奋比无所事事更浪费时间。

目标有长期目标、中期目标和短期目标之分。管理学上有个SMART原则，S就是specific，指具体的；M就是measurable，指可衡量的；A就是attainable，指可实现的；R就是realistic，指合理的；T就是time-targeted，指有时间限制的。

下面我以锻炼口才为例，与大家一起分享如何运用SMART原则来设定目标。

我读高中时比较沉默寡言。有一次，班主任组织大家参加校际演讲比赛。由于我的语文成绩非常好，同桌就向班主任推荐了我。可是，班主任轻飘飘

地看了我一眼后，摇着头漫不经心地说："他不善言辞，不行！"

我心底原本没打算参加演讲，也不希望被选中，但我至今仍记得班主任那种轻视我的态度。

一直以来，我都觉得缺乏表达能力并不是什么大事，即便对生活会有些影响，也不怎么在意。可是，班主任给我贴上了不善言辞的标签，我心里很不是滋味。

从那时起我就开始留意锻炼自己的口才，并将之视为人生的第一个具体目标。

不过，实现目标哪有那么容易呢？我首先要做的是不断完善目标所包含的各个细节。

2 目标一定要足够清晰、具体

为了改变不善言辞这个缺点，我定下了锻炼口才这个目标。这个目标带有"补偿"的意味，也就是说，我要达到的这个目标，是为了弥补我缺乏的某一种能力——口才。

当然，锻炼口才只是一种模糊性的概括，为了让其变得更加清晰，我需要了解口才到底是什么。

通过看书学习，我知道了口才差是什么样子，也明白了口才好是什么样子。锻炼口才是为了让自己在任何场合都可以表达自如、侃侃而谈、出口成章。对于这一点，我是非常清楚的。

那么接下来我要做的事，就是将这个目标分解为更加具体的步骤，比如如何培养当众说话，如何做到侃侃而谈等，然后逐一去完成就行了。

可是有些人对于自己定下的目标就未必如此了解了。比如看到别人健身后的身材很好，他们也想去健身。问题是，身材好对他们来说是一个什么样的目标呢？他们怎么定义“身材好”？万一他们锻炼后的身材与想象中的不一样呢？万一在锻炼期间，他们突然醒悟，觉得没必要过度追求好身材，那还怎么坚持下去？

我身边有不少人办了健身卡，但他们一年也去不了几次健身房，不是以工作忙为借口，就是以平时身体太累为由搪塞。问他们当初为什么想要健身，他们也只是含糊其辞：“就是想锻炼而已。”

问题是，户外跑步也可以锻炼啊，户外打羽毛球也可以锻炼啊，为什么非要去健身房呢？连自己为什么要这样做都弄不明白，怎么能够达成预期的目标呢？

如果他们将健身的目标精确到增重或减重10千克，从而让身材看上去更好，那不是更容易实现吗？

如果你不了解自己定下的目标，对它没有任何清晰、具体的定义，那么你永远都不知道该从何入手。就算你勉强行动了，也未必能坚持下去。举个最简单的例子，如果你想考上理想的大学，那你至少要知道那所大学的录取分数线吧。

所以，在你定下一个目标之前，一定要问一问自己，为什么要定这个目标，是为了弥补自己的缺陷，增加自己的技能，完成阶段性的任务，还是纯粹没事找事做而已？

多了解一下你的目标吧。越是清晰，越是具体的目标，越容易坚持和实现。

3 目标一定要具有某种迫切性

上司让你在下班之前把一份方案赶出来，你会不会急得连吃饭的时间都用在写方案上呢？作为员工，这种工作上的压力你必须承受。毕竟，这项任务是你这段时间内最迫切的目标。

很多时候，你定下的目标未必会让你感到如此迫切。没错，你确实想把它完成，可就算你没有完成，这对你的生活也不会产生多大的影响。慢慢地，你坚持下去的动力就从刚开始的踌躇满志，变成最后的爱答不理了。这就是目标缺乏迫切性的体现。

锻炼口才这个目标，对我来说有什么迫切性吗？在当时的我看来，纯粹就是不想因为不善言辞而遭到他人的歧视而已。从这个角度分析，这的确很迫切。

当然，我也可以让这个目标变得不那么迫切，只要我逃离人群，躲开说话的场合，不跟别人接触就可以了。

有的人明明知道改正自己的缺点后，于人于己都有好处，但他就是不愿意改变，反而心心念念地渴望别人包容他的缺点。他总是在心里想："我就是喜欢睡懒觉，就是喜欢发脾气，就是喜欢得过且过，如果你想跟我做朋友，那就应该接受我的一切。什么？你无法接受我这种样子？好吧，这个世界总会有人接受我的。”

再说回我自己，如果当初我压根就不想锻炼口才，也许就不会遇到当今这么满意的爱情。以我当初的性格，连跟别人打交道都不敢，总是躲在一个人的世界里，就算我内在再优秀，谁又会发现我呢？正因为我的口才变好了，心态也变好了，接触的人多了起来，而我的另一半刚好进入了我的生活，于是爱情就来了。

所以，你定下目标后，必须有立即行动的迫切性。只有行动起来，才能解决那些困扰你的问题。否则，你定的目标就变得毫无意义。

当然，并不是所有问题都会给我们迫切需要解决的感觉。这时，你可以给自己设定一个期限。

比如你准备学习一项新技能，除非工作需要，否则在短期内你很难有迫切感。那你就做好时间规划，一个月内学到什么程度，三个月内学到什么程度，具体用多久正式学会。如此一来，你自然会督促自己加紧学习。

这里有个要点，你每天规定的任务不能太多，因为太多就完成不了；也不能太难，因为太难你会逃避。所以，一定要适当安排任务量，既能让自己充满成就感，又能持之以恒地执行下去。

Ƶ 目标一定要给你美好的愿景

当年我给自己定下锻炼口才这个目标后，只想象到了自己可以当众说话，可以在演讲中收获掌声的样子。对我来说，这个愿景能洗脱我因不善言辞而被人歧视的耻辱。

事实上，高中二年级那年，我不但在课堂演讲中收获了老师和同学的掌声，还被学校派遣出去参加校际辩论比赛。这样的结果，我当然非常享受。

这段经历让我更加认定了锻炼口才会让自己变得更好，于是我后来养成了一个习惯，每设定一个目标，都要先想象一下目标实现之后能带给我什么样的美好回报。

只要这个月的销售额达到目标了，老板就会给我升职加薪；只要熬过这三个月，我就可以跟心爱的人见面了；只要把新房子装修好，我就可以搬进去了。这些目标都会让我们激情澎湃，让我们对生活充满热忱。

也就是说，你定下的目标，除了需要你付出努力外，同时它也是一个奖励机制。在你一步一步实现目标的过程中，你会看到自己正在慢慢有所收获，提高自己的成就感和满足感。

比如当年我锻炼了一个月的口才后，发现自己敢看着别人的眼睛交谈了，这一改变确实让我很受鼓舞。这种鼓舞，不一定在完全实现目标后才能感受到，在实现的过程中就能感受到。

这个过程会带给你积极的影响，为你提供你坚持下去的动力。如果你做的事情无法让自己感受到美好，那么你还能日复一日地坚持下去吗？肯定不能。

所以，你定下目标后，一定要让自己看到美好未来的可能性。每完成一个阶段的任务就试着奖赏自己，比如看部电影，给自己买份礼物。但是你必须谨记，千万不要什么都没做就开始奖励自己，真正厉害的人，从来都懂得延迟满足。因为你努力过后所获得的奖励，比起你什么都没做就获得奖励，两者的意义绝对不一样。

从今天开始，想一想你定下的目标，以及当你完成后能带给你什么样的美好回报？想得越具体，越清晰，越激动人心，你就越有坚持下去的动力。

2 确定好通往目标的方法

人们天生有一种习惯，当遇到阻碍的时候，更加倾向于放弃。这就意味着，如果我们付出努力后在特定的时间内无法得到回报，就很容易选择放弃。

当你定下的目标符合我上面所说的三个要素后，你坚持下去的动力就会大大提高，拖延对你的影响也会降到最低。

接下来的事就是着眼于如何找到通往目标的方法。尽管条条大路通罗马，但用什么方法通往你的目标，一定要根据自己的性格和情况而定。

可惜，这种事我无法给大家更具体的建议。我当初锻炼口才是通过背诵、朗读、看书、写作慢慢提高的。有没有更好的捷径？我不敢说没有，但即便有，也未必适合你。当年我在笔记本上写下锻炼口才的计划，其实并不是每一条都能做到，会因实际情况而减少任务量，但至少我始终在试着坚持，直到达成一定目标后才转换方式继续锻炼。

适合我的，不一定适合其他人。所以，请根据自己的时间和实际情况，找到适合自己的方法，每天完成一点儿，由量变到质变，这才是实现目标的不二法则。

做你愿意做的事，用你愿意用的方法，我相信，你的能力肯定会一天比一天高，今天的你也会比昨天的你更进一步。

2.微目标是持续成功的关键

你有没有经历过，设定了一连串的目标，到最后一个都没有实现？

你有没有感到，刚开始奔向目标时斗志满满，到最后却一点儿劲都提不起来？

你有没有觉得，你经常因懒床、看影视剧、玩手机等事情而搁置既定目标？

如果你有类似的经历，那就说明，在实现目标的过程中，你运用了错误的策略。有时候坚持做一件事，不一定非要硬碰硬，改变一下方法，一样可以达到目的。

而这个方法，就是设定微目标。

⺪ 什么是微目标

微目标就是比较微小的目标。

如果说每个星期看一本书是一个大目标，那么每天看两个章节就是一个小目标，而每天看一页就是一个微目标了。

微目标是实现总目标的入场券。将总目标分解成一个个微目标，每天都坚持完成若干微目标，长此以往，你就能养成一个固定习惯，不再被拖延和借口所困扰。这就是微目标的力量。

为了更好地了解微目标，我先从“目标的确立”这个步骤开始讲解。

⺪ 你设定的目标是什么样的

一个人在设定目标之前，首先要考虑实现目标的难易程度。如果你目前只是一名普通小职员，却给自己设定了一个“成为亿万富翁”的目标，那实现起来肯定非常有难度，甚至是完全不可能实现。如果你设定了“每天跑两千米”这样一个清晰、具体的目标，那你很容易就能将之实现。

也就是说，目标分为两种，一种是抽象目标，另一种是具体目标。

抽象目标能够给我们带来美好的愿景，让我们从中感受幸福；而具体目标则显得死板机械，甚至会虚耗我们的激情。试想一下，“将来我一定要环游世界”这个目标带给你的感觉是不是比“每天写两千字文章”更加强烈、更加激励呢？

但是，抽象目标只能为我们提供前进的方向，却无法为我们提供明确的方法。

具体目标就是从抽象目标中分解出来的行动步骤。我们想把一件事做成，必须先设定具体目标。

我相信，确立具体目标并不困难；困难的是，我们该怎么坚持。这就涉及推动我们坚持行动的背后因素。

Z 你是靠动力还是靠意志力

我们做一件事，在背后推动我们行动的通常有两种因素，一种是动力，另一种就是意志力。

什么是动力？当你对某一件事产生强烈兴趣的时候，你自然就会拥有动力。

比如有的人喜欢购物，每当他看到一家商场，他都愿意进去看看。

再比如有的人喜欢下厨，当他看到一份别出心裁的菜谱，就忍不住想尝试一下。

这些行为都是自发的，无须强迫，无须提醒。

同样，每当我们想起自己设定的抽象目标时，身心也会随之充满动力，就像美好的未来就在不远处似的，只要努力奋斗就能触及。

有些事情能激发出我们的动力，但前提条件是，这些事情能在短期内完成。不过，动力并不是源源不断的，一旦这件事陷入持久战，我们很可能会中途放弃行动。

也就是说，依靠动力去行动并不可靠。这就是我们很难坚持下去的核心原因。

动力会随着时间的延长而慢慢消退，而我们又常常缺少激发动力的可行办法。那怎么办呢？不要忘记，你还有意志力。

意志力的作用不言而喻。它是保证我们顺利完成一件事的最大辅助因素。比如你加班工作，就算你对此再没有动力，你也会把工作做完。这就是意志力的表现。

当然，意志力也会被损耗。损耗意志力的因素主要有五个，分别是努力程度、感知难度、消极情绪、主观疲劳、血糖水平。

这五个因素说明一件事需要你的付出越少，困难度越低，或者你的情绪越积极，精神状态越好，身体糖分水平维持正常，那么做这件事就不会损耗你太多的意志力。反之，你的意志力就会损耗得越多。

问题是，在确立目标、坚持目标、实现目标这件事上，我们怎样才能把意志力的损耗降到最低呢？这个时候，微目标就能派上用场了。

把微目标转化为微习惯

谁都知道，若我们想要获得进步，就必须跨出我们的舒适区。

我们的大脑讨厌大幅度的改变，喜好惰性，如果我们一下子就把脚步迈得太开，就会损耗意志力，大脑由此产生抗拒信号，到头来我们还是会原地踏步。

然而，只要我们把这个脚步迈得小一点儿，不用一下子付出那么多精力，当我们的大脑认为这件事能够轻而易举地做到时，它就不会阻止我们行动。微目标的作用就是如此。

比如每天看一本书，一旦我们设定了这个目标，还没真正行动，大脑就会给我们发出打退堂鼓的信号，因为这实在太难实现了。如果我们把这个目标设定为每天看一页纸书，相信每个人都能轻松完成。

再比如每天写五千字这个目标，实现起来也许很困难，但每天写五百字，大部分初中以上学历的人都能轻松完成。这样的微目标，不会给我们造成压力，也不会损耗我们的意志力，大脑自然乐意让我们行动。

也许你会产生疑问：这么小的目标，对我们的进步能有什么帮助呢？千万不要这么认为，哪怕一点点行动，也比毫不作为强得多；相比一天做很多事，每天坚持做一点儿事，产生的影响会更大。

再者，每个人的大部分行为都是习惯使然，起床、刷牙、吃饭、上班、回家，在我们身上已经形成一套固定的行为模式。这套模式，是我们众多习惯中的一部分，做这些事不会花费我们太多的意志力。

也就是说，当我们要做的事变成习惯后，我们会自然而然地按照固定模式来行动。我们刚开始实现微目标的时候，由于损耗的意志力并不多，就更愿意坚持下去。

坚持的结果是什么？当然就是更进一步了。

≷ 微目标如何让我们进步

微目标容易实现，我们由此产生满足感，继而产生进一步行动的动力。

比如我写这本书之前，设定的目标是先写300个字的开头。这个目标对我而言，一点儿也不难。于是，我马上打开电脑，开始写这300个字。

当我完成写300个字的目标之后，觉得继续写下去也未尝不可。于是，我又写了800多个字才停歇。

当然，就算我写到300个字的时候，突然不想写也没关系，因为我已经实现了预定目标。第二天，我重复完成了这个微目标，第三天、第四天、第五天……一直重复，最终养成了每天坚持写作的习惯。

还记得牛顿第一定律吗？除非受到外力的作用，否则静止的物体总是保持静止状态；除非受到外力的作用，否则处于运动状态的物体的速度不会改变。套用到微目标上，当我们行动起来，就处于运动状态了。既然已经处于运动状态，如果没有外力的作用，自然会一直运动下去。

每天完成微目标并不会太难，当我们行动起来实现微目标后，说不定又可以获得更大的动力，超额实现目标。久而久之，积小成大，量变产生质变，就能取得巨大的进步。

接下来，我用八个步骤与大家分享如何设定微目标。

第一步，选择你需要培养的微目标。

从你的抽象目标中分解出一个具体的目标，把这个具体的目标变成微目标，比如散步两分钟，每天看一页纸书，每天写500个字。当然，由于微目标容易做，你可以同时培养若干微目标。但我建议最好不要超过四个，因为数量增多后，会损耗你的意志力，影响你行动的积极性。

第二步，挖掘每个微目标的内在价值。

你为什么要设定微目标呢？可以让自己更健康？让身材更好？找到内在价值，以此来明确你行动的意义。

第三步，把微目标纳入日程计划当中。

你准备在哪个时间段完成微目标呢？是下午两点还是晚上八点？如果是晚上八点，那么是在洗完澡之前还是在洗完澡睡觉之后呢？你可以根据自己的情况来安排。

第四步，建立回报机制，提升成就感。

每天实现目标后，你可以适当奖励自己，比如吃一份甜品或看一部电影，以此来提升自己的成就感。不过，如果你懂得“延迟满足”，一个星期后才奖励自己，成就感会更高。

第五步，记录或追踪行动情况。

做一个行动清单，把每天完成的目标打个钩，这样你就能清晰地看到自己的成果。

第六步，微量开始，超额完成。

设定微目标后，尽量做到超额完成，这样你的进步空间就会越来越大，意志力也会越来越强。

第七步，服从计划安排，摆脱高期望值。

记住，你可以超额完成微目标，但绝对不能过度提高目标量。否则一旦你完成不了，就容易回到舒适区，什么都不想做。

第八步，意识到习惯形成的标志。

如果你能够每天自发地完成微目标，甚至不做就觉得不开心、不舒服，那么这个微目标就变成你的习惯了。

亚里士多德说：“我们每个人都是由自己一再重复的行为所铸造的，因而优秀不是一种行为，而是一种习惯。”

希望你一直坚持的习惯能让你变得更优秀。

3.定期检视自己前进的方向

设定目标之后，我们要想顺利完成，就必须定期检视自己的做事方式，及时规避错误、弥补疏漏。

看到过这样一个故事：

有个地方出现了金矿，为了得到黄金，人们蜂拥而至。可是那里有一条大河挡住了必经之路，这时不少淘金者不是制造工具游过去，就是寻找其他路线绕道而行。

有一个年轻人见此情景，萌生一个主意："我为什么非要淘金呢？买一条船接送那些淘金的人，不是照样可以赚到钱吗？"

大部分淘金者为了发财，即使票价再贵，也心甘情愿地买票上船，因为前面就是诱人的金矿啊，舍不得投入怎么能有回报呢。

后来，由于淘金的难度太大，众多淘金者并没有因此而发财，那个做摆渡生意的年轻人反而成了有钱人。

这就是对目标转换思维的结果。无论你做什么事，定下什么目标，定期检视自己行进的方向，及时调整不合理或者不健康的计划，改变固有的弊端，才能更迅速地抵达目的地。

要做到这一点，你必须先学会自我反省。

俗话说："失败是成功之母。"自我反省与成功之间有着不可分割的联系。

你在某个阶段获得了成功，取得了进步，可以在自我反省中受到启发、总结经验，督促自己发挥自身优势，以便斩获更大的成就。

就算这个阶段发展得不理想，有了自我反省的心理，你就会吸取教训，并思考解决的办法，时刻鞭策自己走好接下来的每一步。

在你人生的各个阶段，你努力的方式会有所不同，取得的成就更有大小缓急的差别。此时，你必须对自己的发展状况进行深度思考。

人生是一个不断变迁的旅程，只要一直向前，你就会看到不同的风景。因此，要想顺利实现自己的目标，你必须及时检视自己的选择是否发生偏差，以便合理地调整努力的方式。

富兰克林曾说："坏的计划比没有计划更糟糕。"这句话有两层意思：一是实施这个计划必然会导致我们的生活发生变化，要么是好的变化，要么是坏的变化；二是我们必须具备调适能力，根据目标及时修正、改进这个计划。

我们做事，不论对错，都能够从结果中获得反馈。而这些反馈的信息，我们无法在努力的最初阶段就一清二楚，必须经过实践之后才能有所了解。但只要我们充分利用这些信息，就能完善自己的既定计划。

世界万事万物都在不断变化着，一个人如果执着于过去的理念或目标，适应力就会变差，以至于无法对抗现实问题。所以，我们千万不能让自己的思维一直局限在某一个方向上。

我们选择一个方向之后，一定要能够包容改变，接受改变，并从改变中吸取经验，而不是让其他无关痛痒的事情影响我们的最终目标。

在奋斗的过程中，次要目标可能会影响我们的主要目标，但无论如何，我们都要紧紧围绕着主要目标做取舍。

设定了主要目标之后，只要你的计划足够周全，信心足够坚定，同时具备随时调节的灵活思维，那么无论你面对什么状况，你都能应付自如。

此外，我们还要考虑不可抗力的因素对主要目标造成的影响。因此，我们应该拟定一个备用计划。当不可抗力因素出现时，我们首先要对情况做出评估，然后决定是否启用备用计划。

人的大脑非常擅长辨识事物的变化。要想让自己充分利用这种能力，最好的方法就是事先想象自己希望得到的结果，并尽可能描绘出细节。

我们要懂得在脑海中描绘出最终的蓝图，然后让大脑慢慢填补实现目标所需要的条件。尽管事情不一定会按照我们的计划去发展，但当你有了这样一种能力后，就容易处理好突发情况，而不至于手足无措。

综上所述，在设定目标的时候，要注意以下事项：

1.写下计划，确立目标。

2.寻找达到目标的各种方法，将每周或每天要做的事编排好次序。

3.定期检视自己前进的方向有没有偏离固有路线。

4.及时反馈信息，修正目标。

只有做到了这四点，你的勤奋才真正有了价值，而不是白白浪费宝贵的时间。

4.为什么你那么努力，却毫无进步

现在很多文章都在向我们灌输“鸡汤”，说什么坚持就能成功，努力就能获得想要的，强调成功的关键在于行动。

行动不好吗？当然很好！无论是对于工作，还是对于自我进步而言，没有行动力，你就什么事都做不成。比如你定下每个月看五本书这个目标，但一本书都没看，又怎么能有所收获呢。

不过，我们也应该意识到，行动力只是解决问题的重要因素，并不是关键因素。因为在我们开始解决问题之前，更需要依赖自身对问题的分析能力。而针对问题进行深入的思考，才是帮助我们解决问题的重要步骤。

如果你不会思考问题，不会主动提出问题，那么你就不清楚问题的盲点到底在哪里。这时就算你执行力再强，也只是隔靴搔痒，无济于事。

不是有句话这样说吗？做正确的事比正确地做事更重要。这就说明找到解决问题的方法，比努力地工作更为重要。

我当然鼓励每个渴望进步的人，有了目标之后都能够行动起来，持续努力奋斗。但如果你不懂得分析阻碍自己通往目的地的具体原因，就算你目标再清晰，行动力再强，最终你的坚持和努力，也只会让自己身心俱疲，距离实际答案还有一段距离。

2 为什么你不会提出问题

很多人并不是没有分析能力，而是缺乏有针对性地提出问题的能力。也就是说，他们把注意力都放在了一些看似跟当前的问题相关，但其实没有多少关联的事情上。

比如老板要求你把这个月的业绩提高百分之二十，你要如何完成这个目标呢？

普通员工肯定会觉得自己上个月不够努力，所以这个月必须比上个月更努力，任务多做一些，以此来提高业绩。但实际上，他们往往完不成目标。

优秀员工则会针对问题进行深入分析：上个月的业绩是多少？提高百分之二十，那意味着需要提高多少工作量呢？这些工作量，要从哪些方面着手做？有没有其他办法可以快速增加业绩呢？

通过这样的对比，一眼就能明了，前者只是单纯地努力，而后者则是先分析问题，然后再针对性地给出解决方案。至于谁能更好地完成目标，自不必说。

一般来说，很多人之所以不懂得提出问题，大概有三个原因：

1.思维产生盲点。

当一个人看不到问题的核心时，他就没办法找到解决的办法。人的思维很容易被个人心理、情绪和态度影响，缺乏自信就不敢面对问题，情绪波动就不想处理问题，态度轻率就不会正视问题，这些因素都容易让我们的思维产生盲点。

2.思维存在惰性。

我们做事总是依赖大脑形成的思维惯性，比如几点起床，坐哪趟车上班，去哪里吃饭等事情，无须过多思考，就能轻松完成。一旦我们遇到需要开动脑筋的事情，往往会搁置下来，这就是思维惰性。

3.思维感到迟钝。

一个人后知后觉，说的是当问题发生之后，他才意识到应该怎么做。如果一个人对问题的反应太过迟钝，那么当问题发生变化的时候，他肯定无法很好地解决。

综上所述，要想让自己更好地完成目标，必须先学会发现问题。如果你连核心的问题都发现不了，那么你的行动力会得到什么样的结果，就可想而知了。

7 懂得定义问题

有很多问题并不是一眼就能看出来，而是潜藏在深处，需要我们用心挖掘。

换言之，只要我们深入问题的内部，找到问题的症结，再结合自己的知识和能力，就能找出正确而有效的答案。而第一步，就是学会定义问题。

定义问题，就是从相关的情况当中，运用筛选、排除等方法，通过思路的调整，把问题的焦点范围缩窄，直到找出问题的真正核心。

正如之前有个读者咨询我人际关系的问题。她留言说，她跟同事关系不好，无论她们做什么，都刻意把她排除在外，她不知道怎么融入她们的圈子，为此很苦恼。

当时我回答："既然圈子不同，就不要强融了。任何人都有自己的活法，那些同事排斥你，那是她们的问题，你没必要获得她们的认同，做好自己该做的事情，其他的都不必太在乎。"

但在以后的时间里，这位读者依然三番五次地向我诉说她和同事间的相处问题。

我觉得，"跟同事关系不好"并不是这个问题的核心因素，如果这样定义问题，那我就应该把这个原因归结到她的同事身上。可是，这真的正确吗？

于是我调整思路，把问题的症结放在了这位读者身上，询问她平时怎么与他人交往。我问了她几个问题：

1.平常你是主动跟别人交流，还是被动地等别人找你交流？

2.你喜欢待在自己的世界里，还是喜欢走进别人的世界里？

3.与人相处的时候，你有没有做出一些表现自己善意、友好的举动呢？

4.你是不是十分抗拒说话，以至于别人跟你聊天都很难聊下去呢？

经过问题的筛选，缩窄焦点，我从这位读者的回答里，大概了解到她平时就是一个沉默寡言的人，喜欢独来独往，而且很少主动参与到社交活动中。所以我认为，当她的同事了解了她的性格后，每次组织活动或者一起聊天，自然而然都会忽视她。

真正的问题并不在她的同事身上，而是在她自己身上。

通过这种分析，积极考虑事情的多个方面，避免偏见和情绪的影响，才能真正定义核心问题，找出解决问题的关键。

≥ 你用什么心态对待问题

你用什么样的心态看待问题，你就会得到什么样的反馈。如果你消极对待，问题自然难以解决；如果你积极主动，问题迟早会得到解决。

有时候妨碍我们进步的，并不是我们没有足够多的方法，而是我们并没有积极去对待这些方法，往往看过就算，试了就好。

记得我前年考驾照，学了半个月科目二，在考试前一天，我非常紧张。面对这个问题，我并没有敷衍了事，而是积极主动地去对待。

我首先找出导致自己紧张的因素，定义出问题的核心。我问自己：到底是什么原因让我紧张呢？是我担心考不过科目二吗？那我为什么要担心呢？

除非我技术不熟练。可是我在练习场的时候，每个项目都完成得非常轻松啊！不可能因此紧张。

那到底是什么原因导致我紧张？后来我把问题的焦点范围一再缩小，终于明白，真正让我紧张的是，若考试期间出现状况，一旦应变不及时，可能会导致我考试不合格。而这，主要在于我对考场不熟悉。

于是考试当天，我上场之前不断观察考场，增加熟悉度。轮到我时，我心里有底了，整个考试的过程就变得胸有成竹了。最终科目二考了满分。

可见，只有用一种积极正面的心态对待问题，你才能对问题保持敏锐的专注力，从而找到阻碍自己进步的关键因素。

≥ 提高分析能力的步骤

1.找出问题的关键。

所谓问题的关键，就是最深层、最有决定性的那个原因。比如你害怕骑自行车，表面上看是因为你不会骑，担心跌倒，其实造成你害怕的决定性原因，是你怕跌倒后受到伤害。这时如果你做好安全防护，就不会害怕了。

2.破除固有的思考模式。

不要用你一贯的方式来思考所有问题。如果你在各种可以接受的方案之中都无法找出解决问题的方法，那你就要审视那些你认为不可能，抗拒去想的解决方案了。发散思维或者头脑风暴都是很好的激发思维的形式。

3.当事者和旁观者的角度。

两种视角，两种对待问题的态度。正所谓当局者迷，旁观者清，如果你站在当局者的角度找不到解决方法，可以尝试从旁观者的角度来分析问题。打个比方，当局者是主管战术部署，是从小处、细节出发思考；而旁观者则是主管战略部署，是从大局、更高的视界来看待问题。适时调动角度来挖掘问题，会有更好的效果。

4.勇于试错。

懂得不断试错也是获得进步的好方法。有些问题，需要经过反复验证才能得到正确答案。验证的过程就是试错的过程。有了试错的勇气，迟早能解决问题。

通过这一系列方法培养自己的分析能力，即便我们遇到问题，也能有针对性地思考核心原因，从而找到解决的办法。

当我们的努力无法让自己进步的时候，不要急，停下来先想一想，到底是什么因素阻碍自己前进。提高自身的分析能力，找出问题的关键，自然能更进一步。

第八章

决策与判断：

在不确定的局势下做出理性选择

1. 决策，逻辑思维和直觉思维的交织

2. 提高决策的正确性，人生才能少走弯路

3. 不懂决策的稀缺性，你就会麻烦不断

4. 如何优雅地拒绝别人而又不伤情面

1.决策，逻辑思维和直觉思维的交织

管理大师德鲁克曾说过：“决策是计划工作的核心。我们要想达成自己的目的，需要掌握的一个很重要的工具就是合理决策的方法。”

在解释什么是合理决策之前，我们先简明地了解一下什么是决策。

决策，指的是我们为了达到预期目的而从两个或者多个方案中选择合理方案的过程。我们不能把决策简单地理解成做决定，因为做决定只是决策过程的一个关键环节。事实上，如果你无法找出问题的核心，也就无法对此做出合理的决策。

比如你想出国旅游，但资金有限，这时你应该重点考虑如何合理安排旅程花销。如果你重点考虑的是如何逛更多的景点，却没有计算资金是否足以支撑，那么这次旅游估计就难以达成了。

所以，只有全面理解决策的过程，了解各个阶段应该做的工作及其相关联系，才能保证决策的合理性和有效性。而决策的过程，一般包括四个步骤：

1.找出制定决策的理由。

2.找到可行的行动方案。

3.在所有行动方案中进行抉择。

4.对正在进行的抉择进行评价。

无论你设定了多么具体的目标，搜集了多么充分的信息，如果你无法做出明智的决策，就不容易得偿所愿。唯有掌握正确的决策方法，你才能顺利实现目标。

在这里，我给大家分享两种决策方法，一种是VSAFE快速决策法，另一种是VSAFE科学决策法。

VSAFE的每个字母各代表一个单词，分别是：

Valuable(价值)：考察方案对目标的贡献。

Suitable(合适)：考察方案是否与策略吻合。

Acceptable(认可)：考察方案是否可接受。

Feasible(可行)：考察方案是否成功。

Eternal(持久)：考察方案是否符合长期利益。

如果你必须及时、快速地做出决策，可以采用VSAFE快速决策法。当你头脑中浮现多种方法时，就要快速评估每种方案的实际效果，以及它们将如何影响你的主要工作。当然，你还要考虑方案的适用性和可接受性，看它们能否应用于工作中并被人们接受。最后，你要考察方案的可行性和长期性。

举个例子：这个月老板让你完成10万元的销售额。为了完成任务，你一边拼命与旧客户联系订单，一边努力发展新客户。但选择哪种新客户，就是你遇到的难题。这时，你的决策就产生了。

价值：对比不同的客户，分析各种客户能够给你带来的收益。

合适：哪种客户愿意跟公司合作，而这种合作是否适合你的工作指标。

认可：这个方案在客户看来是否可接受呢？他会不会觉得你的胃口太大？

可行：如果上述条件都没问题，那么这个方案的可行性有多大？

持久：哪种客户愿意保持长期合作关系？只有这样，才能保证目标的实现。

经过这样的思考，你选择哪些客户基本上已经一目了然了。对于日常生活中的事情，如果你一时之间不知道怎么做，那么利用VSAFE快速决策法就能做出一个比较合理的决策，减少时间的损失。

当然，很多时候做决策不一定这么严谨死板。无论是在瞬息万变的商场中，还是在琐事繁多的生活中，我们经常依赖直觉来做决策。

大量研究表明，在日常决策中，领导者主要依赖于直觉性判断，而不是理性思维。也就是说，在很多情况下，决策者必须具有直觉思维的能力。

如果我们面对的事情已知较少，而未知较多，这时我们可能需要瞬间做出决策。比如一只老虎向你猛扑过来，你不需要考虑用什么办法对付这只老虎，你唯一能做的就是躲开它的攻击。只有在保证自身安全的前提下，才能让逻辑介入我们的决策。

当然，直觉不是魔术，更不是万能的，它需要借助潜意识中储存的大量知识，才能在一瞬间做出直觉判断。换言之，这种直觉判断，往深层次说也是逻辑的直观反映。

所以，我们能够做出好决策，主要来自于直觉和基于经验的理解，以及及时而充分地运用各种相关知识。

那么，我们如何提高自己的直觉思维呢？以下这些方法可以给大家一些参考。

1. 在独处中放松身心。

独处能够让我们的身心得到放松。独自散步、躺在床上休息、看电影、洗澡等，都是体察内心深处感受，找回直觉的最好时刻。正如《达·芬奇的七种天才特质》一书中所说的那样："找出你的酝酿节奏，并学着信赖它们，这是通往直觉和创造力的简单秘诀。"

很多人都有类似的经验，遇到困难的时候躺在床上发发呆，忽然之间灵感就来了，问题就找到了答案。所以，只有在放松、放慢脚步的时候，才有机会听到内心的声音，找到我们做决策时所需要的直觉。

2. 让心思归于单纯。

当我们心里充满烦恼和忧虑时，是不可能做出明智的决策的。有些艺术家为了创作出好作品，通常会到人烟稀少的地方隐居。心如明镜，自然能把问题想通透，把事情做好。

3. 学着使用直觉判断事情，并了解如何才能成功地运用它。

我们可以从一些小事上练习直觉思维，比如在吃什么菜，穿什么衣服，去哪里玩，看什么电影等事情上，只给自己几秒钟来做决定。我们还可以运用第一反应来预测事情，比如有电话来的时候，先不看来电显示，猜一猜是谁打来的。这些练习都可以帮助我们提高直觉思维的能力。

4. 时刻记录自己的直觉或灵感。

写下突如其来的想法，或者记下有关直觉的具体观察。直觉思维研究专家萝珊娜芙提出了一个“三定律”来教人辨认直觉：“当一个想法出现的时候，让它走。当它再出现的时候，再让它走。假如它第三次还会回来，就可以放心地听从这个感觉。”

5. 注意发挥自己的直觉。

在每次决策之前，都要明确自己的真实感受，明确自己的直觉指向。当自己的直觉和多数人的意见吻合时再做出决策，成功的概率就会比较大。

6. 注意验证自己的直觉。

当你面对一个新情况时产生的第一印象往往就是你的直觉判断。随着决策的深入，各种意见和方案可能会纷至沓来，面对众多可供选择的方案，一定要将自己最初的直觉作为重要的备选方案，并予以足够的重视。随着方案的实施，要验证自己最初的直觉是否正确，从而不断提高直觉决策的成功率。

7.注意将直接决策和科学决策结合起来。

直觉决策并非完全依赖于突如其来的灵感这种非科学信息，它还包括决策人自身的经验、知识和分析能力等极具科学的因素。面对复杂的问题，直觉决策应该和科学决策结合起来，以灵光一闪的直觉为启发，再辅以科学规范的决策程序，更容易得到满意的结果。

对于一个成功的决策，我们无法判断出其逻辑成分所占的比例是多少，直觉成分占的比例又是多少，但比较稳妥的决策模式应该是：逻辑为先，直觉为辅；或者说，51%以上的逻辑加49%以下的直觉，就是合理的决策。

2.提高决策的正确性，人生才能少走弯路

人生时时刻刻都需要做决策，就连半夜要不要掀开被窝上厕所，也是一个充满纠结的决策过程。

有时决策很容易做，比如饿了就吃东西，累了就去休息；但有时候决策又难以敲定，比如去泰国旅游好，还是待在国内旅游好？

当一件事情有多于一个选择供我们考虑时，我们就需要做出决策，而且还需要做出正确的决策。

什么是正确的决策呢？就是在有限的资源下，我们所做的决定能够尽量符合自身各方面的需求，从而获得利益最大化的选择。如果这个决策没有符合自身需求，那么我们的行为就会被标上愚蠢、冲动、疯狂等标签，说不定还会为此失去很多宝贵的东西，包括生命。

那怎样才能做出正确的决策呢？下面就来介绍几种基本方法。

☡ 懂得分析成本与收益

做任何事情，我们都要考虑付出了多少成本和获得了多少收益。

谁都知道，假如一件事情让我们付出的成本大于收益，我们一般都不会去做。然而在现实生活中，我们却经常做出与之相反的决定。有的人想买便宜的衣服，转来转去逛了几家商场，损耗了不少体力，连车费、时间都倒贴进去了，才勉强买到一条打了九折的裙子。如果计算一下总成本，买下的这条裙子其实是不划算的。

计算成本，不但要计算所有金钱上的付出，还要加上时间、劳力和与之相关的机会成本。

有一次我和同事去武汉出差四天。虽然住宿和饮食举办方全包，但交通费只能自己支付。老板给了我们三千元做交通费用，还附上一句“不要乱花”。

从单位去武汉，我能选择的方式是乘飞机或者坐高铁。我对比了一下高铁的票价和打折后的机票价格，再加上我坐车去机场或去高铁站等其他费用，获悉两种出行方式的费用其实相差无几，甚至坐高铁还要高一点儿。

但我最后还是选择了坐高铁。因为乘飞机到武汉，虽然只用一个半小时，但我要提前两个多小时坐大巴到机场做安检，前前后后将花费四个小时左右。而我坐高铁去武汉也就四个多小时，不用太折腾，也不用担心晚点。况且我对武汉那边的情况不是很熟悉，早一点儿到那边，我还有更多的时间到会场做准备工作。为了省下一点儿交通费而影响工作，这肯定不是一个好的决策。

所以，在做任何事情之前，成本和收益一定要全部考虑在内，这样才能做出更好的决策。但是有一种情况我们要特别注意，就是有时我们做决定会加上自己的喜好程度，因为这会影响到我们如何决策。

比如你很喜欢一款轿车，从30万元存款中拿出29万元买下了这款轿车，即便你以后要长期吃泡面度日，也不能说这是一个愚蠢的决策，顶多是不好而已，只要你能够应付日常生活，只要你不后悔就没有问题。但如果你存款不够，靠跟别人借钱买下这款轿车，以至于此后长期被别人追讨债务，生活受到严重的打扰，那么这就是一个不明智的决策。

我们喜欢一样东西，可以为它一掷千金，只要这个决策没有影响到别人就无可厚非。如果你为了得到一样东西而影响到别人，那么这个决策的成本就要加上你对别人所造成的压力和负担。在这种情况下，你必须认真考虑要不要执行这个决策。除非你有了这样东西后，自身价值的产出能大大提高，足以弥补这些成本。

2 尽量掌握与决策相关的充足信息

“知彼知己，百战不殆”，说的就是信息的重要性。要想做出一个好的决策，我们一定要掌握充足的信息。

每个人的专业知识和经验都不尽相同，因而对事物的认知也会千差万别。

遇到问题时，我们习惯性向专业人士咨询，就是这个原因。比如我们想买一辆轿车，销售员对这辆车的优点和缺点肯定了如指掌，倘若我们没有充分了解这辆车的相关信息，就容易被销售员牵着鼻子走。销售员通常会刻意夸大这辆车的优点，对其缺点却只字不提，让我们因信息不对称而吃亏。

在日常生活中，我们必须掌握足够多的相关信息，把信息不对称的影响降到最低，这样才能做出更好的决策。

一个人掌握的信息越多，他做出的决策越对自己有利。即便是开车这种再普通不过的事，也要留意前后左右的交通状况才能更安全地行驶，更何况是做其他事呢？

当然，在信息足够多的前提下，你还要懂得如何甄别信息。因为无效信息和劣质信息不但对你的决策没有帮助，反而会带来不利影响。

下面，给大家分享四种甄别信息的方法。

第一，判断信息来源。如果第一手资料是你亲身验证过的，可信度就很高。如果是道听途说的，就要小心了。

第二，不要盲目相信自己已有的信息。有时我们对自己的直觉有种认知偏差，不管真假，觉得是就认为是，这很容易出错的。

第三，通过各种渠道去核实和获取信息。通过对比和分析，来判断哪个渠道的信息更为准确。

第四，向官方机构核实。别人告诉你飓风要来，跟气象局告诉你飓风要来，你会相信谁？当然，你也要懂得避免权威效应。

2 根据轻重缓急的程度来处理事情

设想一下，在同一时间，有人按门铃，厕所漏水，手机响铃，你的孩子哭闹，你要怎么做出决策呢？我不能给出一个统一的答案，因为对于我来说，孩子哭闹会比其他事更重要。但对于其他人而言，说不定接听手机会是第一选择。

这就说明，处理事情一定要分清轻重缓急。虽然每个人对于轻重缓急的定义都不尽相同，但只要分清楚事情的重要程度，你就能做出更明智的决策。

在此，我建议你使用艾森豪威尔法则。

艾森豪威尔法则又称为四象限法则，指的是处理事情前应该分主次，确定优先的标准是紧急性和重要性。根据这个法则，我们可以将事情分为“必须做的”“应该做的”“量力而为的”“可以托人做的”和“应该删除的”五个类别。

只要我们把自己要做的事套到这个法则上，判断哪些事情是紧急的，哪些事情是重要的，就可以制定一个相应的策略，从而提高自己的做事效率。

有时我们很难看出哪些事情紧急，哪些事情重要，这时只能依靠自己的经验来判断。比如情人节这天正好是周日，你跟女朋友约好去逛街、看电影、吃饭，在这个节骨眼上，这些事就是必须做而又重要的。但与此同时，老板打电话催你抓紧工作进度，你是立刻赶回公司加班，还是跟女朋友逛完街才去呢？

有时我们害怕老板，只好赶回公司加班，这样一来，老板当然满心欢喜。但如果你直接跟老板说正在陪女朋友看电影，不能立即回公司，就算老板有异议，你也占了情理。毕竟你是在工作以外的时间做出上述决策的。

所以，分清事情的轻重缓急能够让你更好地界定各种选择，从而做出明智的决策。

ʑ 适合自己的才是最好的选择

每个人的价值观和客观条件都不尽相同，因而做任何事情，一定要从自身出发来制定策略，不能人云亦云。毕竟适合别人的，不一定适合你。

比如一个“高富帅”男生和一个贫困男生追求同一个女生，高富帅男生约女生到星巴克喝咖啡的成功概率就比较高，而贫困男生也这样做的话，成功概率可能就比较低。这是因为，“高富帅”男生的成长环境更容易让他在气质和态度上散发出魅力，只要他控制一下说话的用词用语，表现得谦和真诚一些，结识女生并不是什么难事。贫困男生受其成长环境的影响，单是从衣着打扮、行为举止、说话感觉等方面就需要不断锻炼和提高。由此看来，适用于“高富帅”男生的决策，不一定适用于贫困男生。

不过，我们也不能一味地追求所谓的好决策。有些决策我们无法在短时间内得知它能带来什么样的收益，也许将来发现这并不是好的决策，但在此时此刻，我们能做出的最好的决策也许就是当前这个。而当前这个决策，只要是根据我们自身拥有的资源和条件做出来的，那它就是一个最佳决策。

所以，当我们无法计算每一个决策的成本和收益时，就要考虑自身能够承受的风险系数。也就是说，你考虑了风险后所做出的决策，万一以后带来不好的结果，你也不要后悔。

是的，如果你做的这个决策在你可承受的风险范围内，就不能说这个决策不好，因为你知道你做的这个决策只适合你。

无论你辞职创业也好，还是不工作环游世界也好，这些决定并无好坏之分，只有适合与否之别。适合你的，你又能为其承担风险，对你来说就是一个最佳决策。

在日常生活中，我们考虑问题时，理性地做出选择和决策是非常有必要的，至少这样能降低我们的损失。然而，当我们权衡各种利弊，对比各种成本收益之后，还是想做那些看似有风险但非常适合自己的事，那就大着胆子去做吧！

因为不管你做出何种选择，适合自己的才是最佳决策。

3.不懂决策的稀缺性，你就会麻烦不断

很多人都有过这样的经历：竭尽所能帮助别人，自己有事时别人却爱答不理。

这种不对等的交往，不但剥夺了我们的时间，还浪费了我们的各种资源。

我的一个朋友就有过这样的经历。

一年前，朋友买了一辆轿车，座位还没有坐热，公司里一位资历较深的女同事就向他提出请求，希望他上班的时候顺道接她一起去公司，这样她就省去了等公交的麻烦。

碍于同事之间的情面，朋友答应了这位女同事。何况也是顺路，他觉得就当是给对方做顺水人情了。

一年来，除了休息日或者被外派出去工作之外，朋友每天都按时开车到

女同事的楼下接她一起去公司，仿佛成了她的专职司机。

有一天，朋友家里突然有事，需要请假去处理一下。但他手头上的工作方案还没完成，只好拜托那位女同事帮一下忙。

女同事的确答应帮忙了，但朋友回来一看，心里顿时凉了半截：她做的是什么方案啊？资料不齐全，策划不完备，拿这样的方案给客户看，他还混得下去吗？他不得不熬了两个通宵，重新做了一个方案。

后来朋友了解到，他不在公司的那几天，女同事完成自己的分内工作后，不是跟其他同事闲聊就是看娱乐新闻，根本没认真帮他做方案。

对于这件事，朋友当然可以责怪女同事不懂感恩，但同时，在于他对人性的放纵。

人性是一个很复杂的东西。有人也许会大发善心对一个天真无辜的小孩表现出爱意，可转过头来，却会对一个曾有恩于他的人冷言冷语。

我们帮了别人，却换不来对方一丁点儿的重视，是因为我们对别人的付出，随着次数的增多而逐渐变得越来越廉价。那种付出所持有的分量感，在别人心里也就变得越来越轻。久而久之，别人就会从万分感激变得欣然接受。

经济学上有个术语叫作“稀缺性”，用以研究如何分配有限的资源，使我们无限的欲望得到最大的满足。

人类很多时候的行为抉择，表面上看似不理性，其实背后的心理往往是非常理性的。

在稀缺资源上，我们投入的各种成本很高，从而造就了物以稀为贵的心理评价。反之，则觉得很廉价。

所以说，人与人之间相处一定要做到相互投入和付出，这样的关系才能平等和长久。

举个例子：

为人父母，即便可以无条件地为自己的孩子付出所有，但也不能包办一切，而要适当放手，让孩子养成感恩的习惯，明白为别人付出时的那种不容易。唯有如此，才能让孩子更加认真地看待自己和他人的付出。

《小王子》里有句话："你在你的玫瑰身上耗费的时间，才使得你的玫瑰花变得如此重要。"其实后面应该还要加上一句："也才使得你对玫瑰花来说没有那么重要。"

这就是稀缺性的问题。

有时别人不重视我们的付出，从不知感激，就是因为我们的付出对于他们来说完全没有稀缺性。

以前上大学时，我没有意识到这个问题，以至于经常做老好人，比如帮别人制作PPT、写演讲稿等，却从未得到别人的重视。除了换来一句"你人真好"外，就什么也换不来。我有事时，反而谁都指望不了。

对别人来说，我的帮忙从来都是招之即来的。这样的付出，有多少稀缺性可言？既然没有，别人又怎么可能重视我呢？

一旦你的付出形成心理惯性，就算你到时不想付出，也会身不由己。毕竟你投入的成本已经很多，很难抽身离去，只好继续付出下去，以求能换取一些心理安慰。

那些在爱情里冲昏了头的痴男怨女，明知对方不爱自己，依然一心一意地为对方付出，就是这种心理在作祟。

当然，我们都知道，想让自己的付出变得更有稀缺性，就要学会拒绝。但有时碍于情面或者维护和谐的人际关系，我们很难对那些已经交往的人做得这么决绝。

那怎么办？别人叫到你帮忙，你要不要答应呢？这个时候，你就需要考虑，你的帮忙会不会占用你的稀缺资源。

有不少看了我文章的读者，会私底下咨询我一些他们在生活上的困扰，希望从我这里得到解决这些困扰的答案。那帮他们解决困扰，我需要付出什么呢？

其实，我唯一需要付出的就只有时间而已。而时间，对于下班之后的我来说，并不算是稀缺资源，反正没事做，给别人解决困扰，发挥一下助人为乐的精神，有何不可呢？就算得不到对方的感谢，也没关系，毕竟我也没失去什么。

不过，如果别人请你帮忙，要牺牲你的稀缺资源，比如工作时间、金钱、劳力等，你就要学会理性地拒绝。

那万一别人需要你帮忙，又有可能牺牲你的各种稀缺资源，而你又不方便拒绝，该怎么办呢？那就去帮吧，但不要让别人觉得你的付出很廉价。

这样做会不会让别人心有芥蒂呢？可能会有，但对于这样的人，不帮也罢。

4. 如何优雅地拒绝别人而又不伤情面

对于别人提出的请求，如果既合理，又在我们的能力范围之内，我们当然可以欣然应允。如果既影响了我们的正常生活，又让我们倒贴各种成本，我们就要果断拒绝。

问题是，很多时候，我们给别人帮忙会给自己带来一些不必要的麻烦；不给别人帮忙，碍于彼此间的情面，又感觉对不起别人似的，心里会过意不去。

在这种情况下，我们要如何优雅地拒绝别人而又不伤情面呢？下面，我结合自己的经验，跟大家分享几种方法。

第一，增加请求实现的困难度。

这话什么意思呢？难道别人让你去买个面包，你要拒绝说买面包比买钻石还难吗？当然不是了。

买面包这件事，表面上并没有什么难度，是因为这件事花不了你多少时间和金钱。如果你想拒绝别人，就得增加实现这个请求的困难度。比如你正好有事忙着走不开或者等一下要去开会，总之这个请求跟你这段时间要做的事有冲突。别人知道了你的境况，一般都不会再为难你。

这里有个要点，你手头上的事一定要满足无法让你抽身这个条件。如果不是这样，别人就会觉得你故意推脱，就会伤了情面。比如你正在玩游戏，看上去也是手头有事，但你真的就不能停止玩游戏，下楼买个东西吗？

增加请求实现的困难度，跟你的说话技巧也有关联。比如“这个问题，我暂时给不了你答复，我跟家人商量一下再说”“我手头暂时没有这么多钱，因为都存了定期”等，适当运用语言技巧，营造出你“自身难保”的感觉，只要跟对方的请求产生冲突，就可以成为拒绝的理由了。

俗话说：“救急不救穷。”这个“穷”背后所指的，不仅仅是金钱，还涉及那个人的品行和习惯。如果对方好赌，找你借钱，你借了，只会助长对方赌博的习性；如果对方好逸恶劳，你帮忙了，只会进一步惯坏对方。

我不会，我不能，我不行，都是增加请求实现困难度的常用方法，希望你能够善加利用。

第二，拒绝后立刻给出后备实现方案。

别人有事找你帮忙，有时是出于对你的信任。

尽管对方提出的要求很合理，但由于自身条件的限制，无法予以满足，这多多少少会让对方感到失望。此时，你就要给对方一个后备方案，用以缓解对方的失望心理。

比如别人找你借一千元，你不想借这么多，借个一两百元也可以，就算对方真的不还你钱，你的损失也不是很大。再比如你出国旅游，朋友找你代购一大批东西，你担心东西太多影响出行，那么你就说只能适当买一些轻便的东西带回去，大物件不方便携带，总比完全拒绝对方要好一些。

对于别人的请求，你难免会有种于心不忍的心态，所以适当帮帮忙也是可以的，不能完全满足对方，也可以小范围内满足。这就是后备实现方案，既在大范围内拒绝别人，也给彼此留有相处的余地。

当然，还是那句话“救急不救穷”，假如别人真的有急事找你帮忙，哪怕你受点儿累、吃点儿亏，也应该伸以援手。最怕那种麻烦了别人还觉得理所当然的人，你一定要坚决而果断地拒绝他。

第二，用闲聊的方式淡化对方的请求。

别人找你帮忙，如果你马上甩脸色说不行，会很伤双方的情面。

所以，先不要急着拒绝，你可以用闲聊的方式深入了解对方的需求，同时让自己有足够的时间思考拒绝的理由。

有时候东拉西扯一大堆，其实在某种程度上也是在暗示对方“我不能答应你”。因为任何请你帮忙的人，都希望你能爽快答应，如果你跟他们聊了很多，一直支支吾吾，相信对方也就明白你的意思了。

当然，如果你具备一定的口才技巧，那么用讲故事的方式委婉地表述自己也无能为力，对方一般都会知难而退。

用闲聊的方式拒绝别人不会显得那么冷冰冰，可以给别人的心理一个缓冲和铺垫。即便别人觉得你不够意思，也不至于撕破脸面。

第四，借助媒介帮助自己拒绝对方。

这个媒介，可以是人，比如第三方。同事间的应酬，你不好意思拒绝，那么发动你的爱人出面拒绝可能能获得很好的效果。这是因为人与人的情感联系，在对待熟人和生人时会有很大的区别。你的爱人是第三方，她跟这件事没有直接关联，由她出面帮你拒绝就容易得多。

日常生活中，我们常说的“我妈不允许我夜不归宿”“我女朋友不准我出去玩太久”“我要问问我父母的意见”，都属于借助媒介来拒绝对方。

当然，除此之外，这个媒介还可以是通信工具，甚至是空间距离。

设想一下，我们面对面跟别人聊天和我们在网上通过文字跟别人聊天，是不是有不同的感觉？平时在网上快言快语的人，在现实中可能不善言辞。所以，如果当面不好拒绝，不妨跟对方说回去考虑一下，然后借助通信工具表达自己的态度。

最后，很多人对于拒绝这件事掌握不好分寸。不是过不了心理关口，就是无法分辨实际情况。我跟大家分享几点看法：

1. 对别人说“不”没什么大不了的，只要自己的立场站得住脚，又不会因此造成无法挽回的后果，那就勇敢拒绝对方吧！

2. 我们要本着助人为乐的精神真诚对待身边的人，积极向他们提供力所能及的帮助。所以，我们的拒绝最好是建立在平时乐于助人这个形象上。因为我们拒绝的只是那些违背了我们意愿的事，并非真的不想帮忙。

3.如果我们确实因为一些客观的原因无法给予对方帮助，就如实向对方说明。

4.对于某些情况而言，直接说“不”的效果更好。朋友想酒驾，你二话不说就要拒绝他，这种事不用留情面。而对于一些可能引起误会的事情，你也要明确自己的态度，否则就会“当断不断，反受其乱”。

以上就是有关拒绝的技巧，大家不一定要生搬硬套，但一定要结合自身情况找到适合自己的方法。

第九章

好好说话：

培养说话能力，在交流中实现卓越人生

1.你为什么不敢说话

你有没有因自己欠缺说话能力而烦恼呢?

你是不是在网络世界里高谈阔论，在现实世界中却笨嘴拙舌?

你是不是面对心仪的人，紧张得语无伦次?

你是不是处于一个新的场合，无法自然地跟身边的人打交道?

你是不是对于心存不满的人，宁愿委屈自己，也不敢对其说出自己的想法?

如果是，没错，你猜对了，接下来我就跟大家分享一下如何解决这些问题。

优秀的能力有很多种，而好的口才，不管对于男性还是女性来说，都是最直观有效的一种。

面试一份新工作，你肯定不希望因为自己口才不好而被刷掉吧？遇到喜欢的人，你肯定不希望因为自己不会说话而被拒绝吧？参加一场聚会，你肯定不希望因为自己不善言辞而被冷落吧？

只要你提高口才能力，这些问题自然能迎刃而解。更重要的是，在人际交往中，好的口才可以让你从被动接受转变为主动掌控。

如何练好说话的基本功

1.开放心态，学会不在乎。

锻炼口才能力，最忌讳的就是在乎面子。

很多事情并没有我们想象中那么可怕，只要敢于尝试，唯一的成本也就是我们的面子而已，不会有其他损失。因此，我们一定要保持“不在乎”的心态。

有时候，我们就是因为在乎了太多不应该在乎的事情才活得这么累。会不会下雨要在乎，别人的一个眼色要在乎，连隔壁老王家的狗是什么品种也要在乎，这又何必呢？

除此之外，你还需要一种特质。

美国电影《感谢你抽烟》里面的男主角是个说客，负责帮公司进行危机公关。他说，要成为说客，必须有一种超出大多数人的“道德灵活性”。

什么意思？就是指对一些事情不要执着于自身的立场，要因时、因地、因人而变换。

比如跟伴侣吵架，可能只是小事而已，为什么偏偏要坚持自己的立场，说一通大道理来挽回自己的面子呢？

这个立场你不坚持，会有什么损失吗？大多数时候根本就没有损失！只要你做到不在乎，这个架根本吵不起来。

如果你坚持自己的立场，硬要跟对方争辩，这不是白白消耗精力吗？感情还可能因此受到伤害，得不偿失。

有时你不懂得拒绝别人，也是因为你不具备"道德灵活性"，总觉得过意不去，不好意思，把道德批评的标准用在了自己身上。其实这种想法很不好。我们找一个正当的借口来答复别人，这很难吗？

2.改进说话的技巧。

每个人的言谈都是自身独有的标记。你是什么样的人，你想给别人留下什么印象，取决于你如何回应别人。这个回应，包括所有语言沟通和非语言沟通（诸如身体动作、体态、语气、语调等）。这也是自身形象塑造的一种渠道。

别人对你说："你怎么这么爱炫耀？"这时你怎么回应呢？

第一种：你才爱炫耀，你全家都爱炫耀，炫耀到宇宙里去了！（这是脾气暴躁型）

第二种：我长得不漂亮吗，所以就炫耀一下啦！（这是柔弱友善型）

第三种：至少我还有可以炫耀的底子，可你呢？（这是针锋相对型）

第四种：我可是像明星那么好看啊，怎么能不炫耀？（这是很傻很天真型）

第五种：沉默不语。（逃避忽视型）

每一种回应的方式都取决于我们的个性和思想。我们也因此给别人留下某种印象，但我们可以改变这种状况。

如果你想提高自己的说话能力，就要知道自己经常以哪一种方式回应别人，想一想这种方式好不好；不好的话，就试着变成你渴望的那种回应方式。

有的人之所以说话幽默，是因为他能以一种诙谐搞怪的方式来回应别人，从不按常规思维来说话。

同理，有的人给人一种很有教养的感觉，是因为他的行为举止和说话方式温和谦逊。如果他满嘴荒唐话，举止粗鄙不堪，你还会觉得他有教养吗？

你想成为什么样的人，或者想以什么样的形象示人，就经常以那种方式回应别人。同时，关注别人是怎么回应的，你也能从容应对。

你可有针对性地设想自己面对不同的问题时如何回应，经常以此来训练自己，久而久之，你就能够拥有随机应变的好口才了。

3.提高应变能力。

为什么很多人口才不好呢？最主要的原因是他们缺乏应变能力。

所谓应变能力，指的是当你面对不熟悉的人或情况时，也可以从容应对的能力。

想一想主持人，他们会觉得与人交流是件难事吗？绝对不会！

我们当然无须像主持人那么厉害，但唯有掌握应对能力，在面对别人的夸奖、赞美、质疑、嘲笑时，才能迅速做出完美的回应。

我们之所以能在网聊中轻松自如地说话，是因为没有时间上的压力。我们有足够的时间考虑周全，然后给予别人满意的答复。但在现实生活中，我们几乎没有考虑的时间。答复别人，只在须臾之间。如果回答不出来，就会让气氛变得尴尬。

我们之所以害怕跟陌生人相处，是因为如果陌生人突然说出一句我们预料不到的话来，会打乱我们的对话节奏，让我们无法迅速而又体面的做出回答。

人对于无法掌控的事情都是缺乏安全感的。你不敢跟别人交谈的核心原因也是这样。当你做到无论别人抛出一句什么样的话来，都能自然而然地接下去的时候，还会怕这种事情吗？当然不会。

提高自身的应变能力，即便你说错话，也能够迅速给自己打圆场。这是锻炼口才能力的关键。

不过，提高应变能力并非易事。我当初训练的方法就是自问自答。给自己抛出一个很难回答的问题，然后思考怎么回应才合情合理。

假设有人问我："你这么愚蠢，是怎么活到现在的？"

对于这个问题，我会设想几个回答：

"愚蠢跟活着没冲突。"

这是一个默认自己愚蠢的回答，不是很好。

"我要是很聪明，能让你活得好好的吗？"

这是一个反击式回答，但会加深双方的矛盾，也不是很好。

"你活到现在，为什么还会问这种蠢问题呢？"

这是一个反问式回答，可谓以彼之道，还施彼身，堪称精妙。

只要经常做这种训练，你就能从中找到一个既符合当下情况，又不会伤感情的回答方式。也就是说，经常让自己置身于一种"困难"的状况下，设想自己怎么反应，当你心里有了这种体验，就算日后真的碰上，也能条件反射似的做出最佳反应。

我以前上台演讲前，会设想万一演讲途中麦克风突然出现故障，或者场内灯光突然暗下来，或者台下的礼仪小姐不小心跌倒，要如何应变。那时别人都害怕出现突发状况，而我在上台前就已经在脑海里把各种突发状况预估了一遍，并想好了对策。

有一次演讲途中话筒真的突然没有声音了，技术人员弄好后，我就自嘲说："看来我说的内容不够精彩，连话筒都听不下去，不让我说了。"说完后，台下的听众会心一笑，我就继续说："好吧，我尽快结束我的演讲。"到了最后，效果还不错！

让自己置身于问题中，主动思考如何应变，长此以往，你的应变能力自然能大幅提升，而你的说话能力也会随之提升。

2.别输在不会表达上

表达能力是决定我们口才好坏的重要指标。

它不但会影响我们的人际关系，还会影响我们生活和工作中的各种事情。一句话或者一段话如何表达，说得好可以为我们的印象加分，获得掌声；说得不好，也许会触动他人的负面情绪，甚至引发矛盾。

很多人认为，外向的人表达能力好，而内向的人表达能力则相对比较差。其实这种观念并不完全正确。表达能力的高低，跟性格没关系，跟我们如何说有很大关系。这是一种能力，只要懂得练习就能掌握。

那如何评判一个人表达能力的高低呢？有三个标准：

1.表达内容

2.表达方式

3.表达技巧

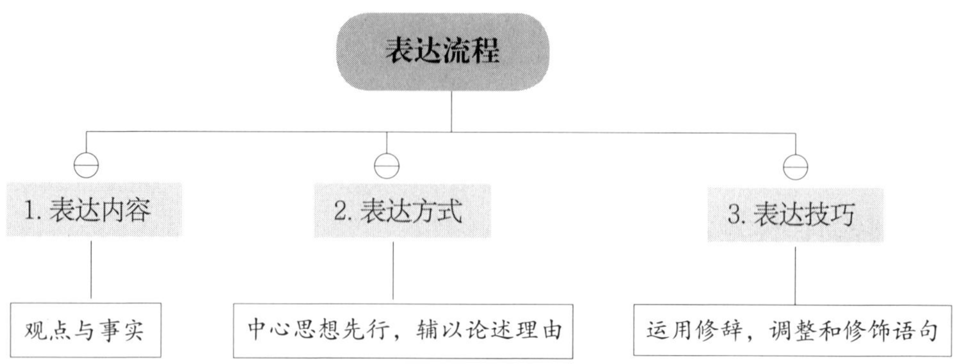

这三个标准是按照表达顺序来运用的。也就是说，先想好表达内容，再选择表达方式，最后再运用表达技巧来完成整个表达流程。下面，我围绕这三个标准，说一说如何提高表达能力。

表达内容

我们跟别人说话，无论是闲聊还是演讲，其背后都需要有内容支撑。而这个内容，当然就是由我们的学识、观念、见闻等组成的谈资。

无论你说什么话，一般都可以将说话的内容分为两种范畴，即观点和事实。

观点，指的是我们对事物的看法、评价和理解，如“我喜欢你”“我讨厌骑自行车”“人生就是一个苦难的过程”等。

事实，指的是这个世界客观存在的、真实发生的事情，如“太阳从东边升起，西边落下”“中国的首都是北京”“我今天上身穿的是衬衣，下身穿的是牛仔裤”等。

无论是观点还是事实，这两者都组成了我们表达的内容。而最好的表达，一定是由这两者构成的。我们不能只说观点，或者只阐述事实。观点和事实必须相互交织，相互衬托。

不过，有时在具体的对话语境当中，观点和事实已经自然而然地形成，所以才被我们忽略。比如看到交通事故（事实），你感慨司机的安全意识不强（观点）；或者你朋友跟你说人生一定要过得快乐（观点），于是你附和说某某就是这样生活的（事实）。

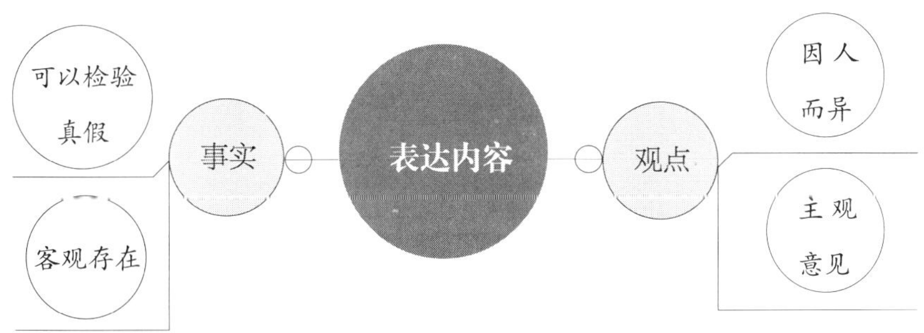

但一般情况下，我们要把观点和事实结合起来，变成说话的内容。

举个例子，你跟朋友说《变形金刚》这部电影很难看，这是你的观点，但这种表达无法让对方完全明白这部电影为什么难看。这时，你就要加入一些事实来辅助表达，增强你的说服力，比如“很多看完这部电影的朋友都在抱怨这部电影剧情简单、剪接混乱”“不少观众在看这部电影途中都睡着了”

等，都是对你看到的事实的反映。

同理，你表达了事实之后也应该表明观点，让别人明白你说话的用意。

比如“我的闺蜜昨天被男朋友抛弃了，她非常伤心。她和男朋友只交往了3个月，男朋友就移情别恋了”，这是事实。说完了，你还要表明你的观点，“我真替闺蜜抱不平，这么认真地付出，到头来却换来这种结果。所以啊，找对象一定要睁大眼睛，否则很容易遇人不淑”。如果你不表明观点，别人也不知道该跟你讨论什么。

可以说，无论是用事实阐明你的观点，还是用观点表明你的看法，这两者都是针对表达目标而提供相应事实的一种讲述能力。换言之，你对事实的讲述越有把握，你的表达能力就越强。

所以，你筛选什么样的内容细节来辅助你的表达，决定你说的话是否更有分量。

比如你说“某某餐厅的饭菜很便宜”，这是观点，但还不够，如果你给出事实“一个鸡扒饭只要15元，还送一碗鸡汤和一份甜品”，这就很完整了。

再比如，你跟别人表达“中国人民的生活水平提高啦”，这是观点，要让别人信服这个观点，你就得找出具体事实来说明这个观点。

我认为，“人人都有一部手机可用”这种细节，不足以印证“中国人民的生活水平提高啦”这个观点。但如果你说“工薪阶层人均月入5000元以上，每个家庭存款不低于10万元，人们的一日三餐营养健康，逢年过节组团出境旅游”，那么这样的事实就足以证明你说的那个观点。

我们在提出观点后，一定要注意选择恰当的事实来加以证明。

不过，事实的积累并非易事，我们平时要多看书，多留意新闻，多丰富自己的阅历，增加自己对世界的认识。

² 表达方式

有了观点和事实做基础，接下来就要运用一些表达方式来梳理我们的说话逻辑了。

我们要把表达的内容梳理成一条逻辑线，让听众更容易理解我们的意思，这样才能达到更好的交流效果。

用《金字塔原理》一书中的话来说，受众最容易理解的顺序是：先了解主要的、抽象的思想，再了解次要的、为主要思想提供支持的思想。

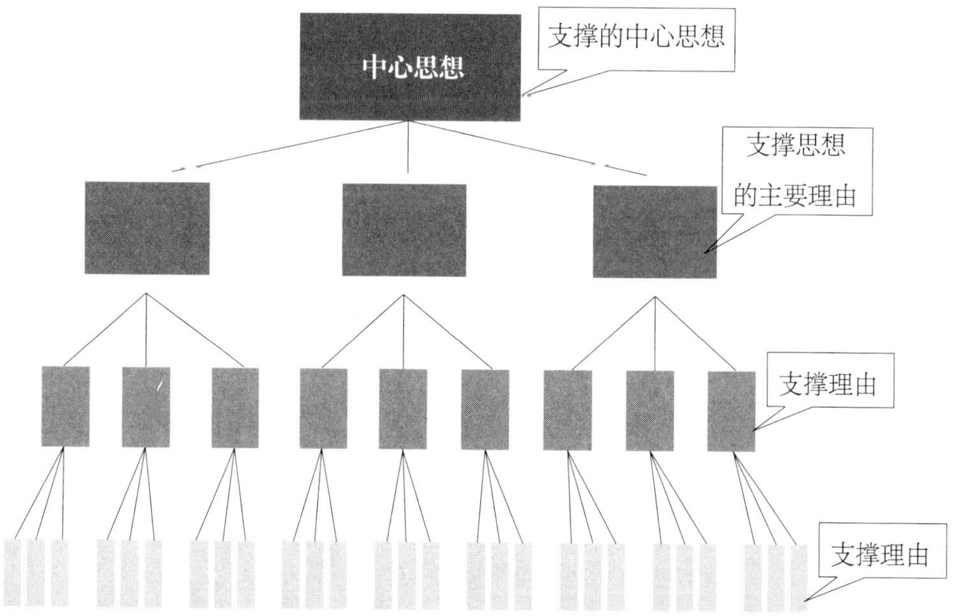

金字塔原理其实就是中心思想先行，再附上论据。一级一级向下延伸，成为一个金字塔形状的表达结构。例如：

这套衣服你穿着非常好看。（中心思想）

因为衣服剪裁修长，而你身材高挑，两者搭配在一起非常合适。（第一级支撑理由）

很多瘦人穿衣服，都是选择合身的衣服，既不宽松，也不过于紧身，这样的衣服穿在身上，整个人看起来会十分精神。（第二级支撑理由）

当人显得精神了，那就说明衣服适合，整体观感也会非常好看。（第三级支撑理由）

看得出来吗？这种表达法，完全可以结合观点和事实来说出我们想说的话。

值得注意的是，有时观点和事实并不是那么容易分清楚的。有些观点可以是事实的反映，而有些事实则是一种观点的阐明。比如“云南是一个非常美丽的地方”，这句话既是观点，也是事实。

但无论是观点先行，还是事实先行，运用金字塔这种表达方式来论述，并给出足够多的理由，就能让对方明白你想要表达的意思。

当然，你也可以反过来向对方表达你的论据，最后总结出观点，这也是金字塔原理的运用，只不过是一个倒三角的结构。

比如你说“在这件事上，你既可以选择答应，也可以选择拒绝。如果你选择答应，也许会惹上麻烦，从此你的生活有了一种压力，但你的人生会更有意义；如果你选择拒绝，尽管你的生活可能会过得很轻松，但少了一些担当，也就少了奋进的目标。”

这个论述，表达的是什么观点呢？字面上难以看得出来，别人也未必清楚。这时你再总结一句“人生不在于你选择什么，因为选择什么都有好处，也有坏处，只要你对自己的选择无怨无悔就行”，别人就能听明白了。

那什么时候先表达中心思想，什么时候先表达你的论述呢？除了根据当下情况的迫切与否，还要结合自身的心理感受，更重要的是，要看受众的理解和接受程度。如果对方容易接受的话，你当然可以开门见山地说明你的思想，但如果对方很难接受你的观点，你就要旁敲侧击，一步一步地向对方展开论述，直到对方明白了你的观点为止。

在日常生活中，我们一定要根据客观情况来表达自己的意思。只要按照这个流程表达，别人一般都会明白我们的意思。

Ƶ 表达技巧

只对观点进行阐述与解释，有时候是远远不够的，所以在表达期间，最好附上相应的事例，以此来将抽象的思想形象化。这就是表达技巧的运用。

比如上文举的穿衣那个例子，如果你在最后加上一句“你看看泰勒⊠斯威夫特的衣着打扮，像她那样的身材，这样搭配就很好看了”，就起到了一语中的的作用。

表达技巧就是对话语的一种调整和修饰。同一个意思，换一种说法，不但能让别人更容易理解，还能避免误会和矛盾。

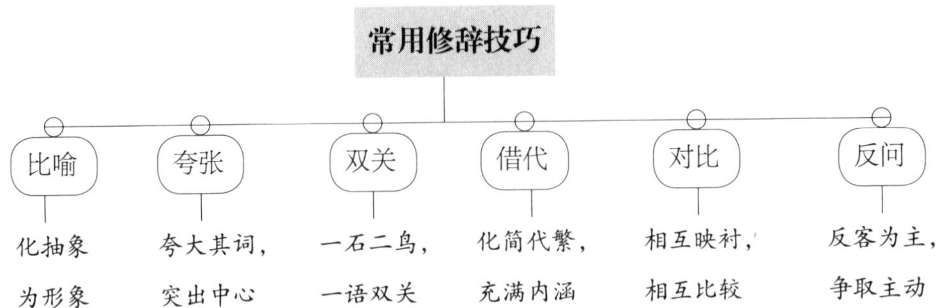

你可以通过比喻、夸张、双关、对比、借代等修辞手法，让难以理解的抽象话语变得形象、直观，容易接受。

比如你希望另一半多陪陪你，但他只顾着玩游戏，如果你直接谩骂："你这个人，除了玩游戏还会做什么啊？连陪我一会儿都不肯，真是浪费我的感情！"估计是于事无补的。

如果你转变一下说法，进行一定的修饰，换成"你还记得上次陪我逛街是什么时候吗？你一直在玩游戏，我感觉你已经有一个世纪没陪过我了"，这就是运用夸张的修辞技巧，把"没有陪伴"这个思想放大来说。

有时候你跟别人发生冲突，不是因为你说了什么话，而是因为你怎么说得话。当你埋怨别人或者拒绝别人的时候，表达技巧的运用就显得尤为重要。

你埋怨别人，这也是在表达观点，只是这个观点带有你的不满情绪。这时，你的埋怨中包含这件事带给你的感受就行了，千万不要掺杂其他不相关的东西，否则对事的不满很可能会演变成对人的攻击。

这里有一个XYZ表达模型可以运用。

X是描述给你带来问题的具体行为。

Y是这个行为所导致的后果。

Z是你从这个后果中产生的感受。

例如：

“你今天迟到30分钟（X），导致我们错过了这部电影最精彩的部分（Y），这让我很不开心（Z），你知道吗？”

这个表达模式，不一定按照XYZ的顺序去说，可以随时变换。例如：

“我很不开心（Z），你明明答应我去看电影，但你都没跟我去（X），现在电影已经下架，看不了啦（Y）。”

这个模式也是观点和事实的表达变体，只是变成了事实与感受的组合，而且表达的方式也可以按照金字塔原理来组织语言。

只要按照这个表达流程多多练习，形成表达习惯，你说的话就会变得十分有条理，别人也很容易听得懂你要说的意思。这样的交流，效率肯定会更高。

从积累表达内容开始，随之练习表达方式，最后提高表达技巧，这是一个完整的表达流程。当你掌握它之后，你就可以随时随地灵活运用它来表达你的思想了，即便是让你来一场即兴演讲，也不会有太大的难度。

而这，就是提高表达能力的优势所在。

3.聊天找不到话题，你可以这样做

在某些场合，为了避免尴尬，我们不得不跟陌生人交谈。这时，寻找话题的能力就凸显出来了。

与人交谈，不一定建立在彼此了解的基础上，也不一定性格相投或者层次相当。只要有共同语言，就能跟对方产生思想交汇，走到哪里，聊到哪里。

这就要求我们在与人交流的过程中善于寻找话题、发现话题、产生话题。一个好的话题，可以让彼此的交谈顺畅地进行下去。换言之，好的话题是初步交谈的媒介，是深入详谈的基础，更是敞开心扉的开端。

好的话题，指的是能够引领对方，或者双方都感兴趣，从而达到深入交谈的优质内容。

那我们怎样才能找到好的话题呢?

选择对方感兴趣的话题

每个人心里都有一个兴奋点。当我们面对陌生人的时候，要想愉快地交谈，就要找到这个兴奋点，也就是对方感兴趣的话题。

对方感兴趣的话题一定是他想谈、爱谈又能谈的。就算再沉默寡言的人，再不会表达的人，一旦触及感兴趣的话题，也能打开话匣子。

我有个小外甥，性格比较内敛害羞，很少跟人聊天，但喜欢玩游戏，尤其喜欢玩《侠盗猎车》。

每次我到小外甥家，都会以《侠盗列车》为切入点跟他打开话题。如果我直接问他作业成绩怎么样，他可能不会回答，可等我跟他聊了有关游戏的内容，他变得兴奋后，我就可以转到我想聊的话题上。我会问他："你玩这个游戏这么厉害，成绩岂不是很差了？"然后他自然就会向我表明自己的真实情况了。

另外，在话题的选择上，针对不同的场合和不同的人群，要采用不同的技巧。与男性朋友聚会，可以围绕事业规划，或者时事经济，甚至科技发展等来找话题。如果是女性朋友，那么聊情感、聊心情、聊化妆、聊护肤、聊购物，都能够触发对方的兴奋点。

记住，每个人都喜欢谈论自己的事，以此来满足自己做主角的心理。找到对方身上这个兴奋点，话题就来了。

因地制宜地引入话题

根据现场情况，因地、因时、因人来引入相关的内容作为话题，可以让谈话变得更加自然。当然，话题还是以对方感兴趣的为主。

一般情况下，借助对方的姓名、年龄、籍贯、衣着配饰或者身处的环境来即兴开启话题，能轻松打开对方的话匣子。

比如我以前去歌厅唱歌，旁边坐着朋友的朋友，因为不熟悉，所以感觉有点儿不自在。后来听到他唱歌非常好听，我就以此为切入点，问他是不是经常唱歌，他说不是，只是偶尔来玩一下而已。我继续围绕这个点跟他聊天，就很自然地聊了下去。

由浅入深地交谈，也可以通过这种方式来找话题。比如你参加活动坐在陌生人旁边，不知道聊些什么，就可以根据对方的情况抛出一些浅层的问题。你可以问他："请问你是来参加这个活动的吗？"无论对方回答是或者不是，你都可以顺着这个回答聊下去。

因地制宜地引入话题，交谈起来就不会尴尬，你一定要掌握这种技巧。

通过媒介寻找共同语言

这种方法其实是上面一种方法的伸延版，也是根据现场情况来寻找话题，但这个"现场情况"是跟对方有关的。

换言之，寻找自己与陌生人之间的媒介物，以此来找出共同语言，就可以缩短双方的距离。比如你坐动车，看到旁边的女生拿着一本书，这时你可以问："不好意思，请问一下你手中这本书是不是XXXX呢？我之前也关注了这本书，但从读者评论来看，书的内容并不好，就没有买，不知道你看了觉得怎么样呢？"

对别人的特长或者拥有的东西表示出自己无恶意的看法，从而套近乎，交谈就能顺利地进行下去。

当然，也不要见到什么就说什么，毕竟每个人对于其他人多多少少都有戒心。比如对方非常小心谨慎地拿着某些东西，不想让别人接触，那么这时就不要上前问东问西了。否则，既会让对方生厌，也容易给自己带来尴尬。

2 如何降低对方的戒心

"查户口式"的谈话是聊天中最忌讳的事情。

跟对方聊天时，千万不要一直用查户口的方式进行交流，要适当表现自我，发表自己的意见，分享自己的故事，让对方充分了解我们。例如：

A："你现在毕业了吗？"

B："是的。"

A："我前年毕业的，工作两年了，总觉得知识和经验都不够用。你现在工作了吗？有没有这种感觉。"

B："工作一阵了，我也有这种感觉。"

在B回答"是的"之后，A没有立刻发问，而是先说一说自己的情况，让问题有一下缓冲，同时袒露自己的心声，让对方觉得你是真心聊天，这时再问第二个问题，对方回答的意愿就更高了。

除此之外，你的谈话一定要尽早给对方一个合理的目的，最好在开始的时候就给出。

在对方还不是非常熟悉你，而你又没有表明目的的情况下，你的行为动机将交由对方来猜测定断。由于人天生就有自我防卫心理，所以对方一般会把你的所作所为看成你心怀不轨，以此来提高警戒心。

为了让对方尽量放下戒心，你的谈话一定要先表明目的。

采用“因为……”句式就是给出目的的最佳方法。比如上面看书搭讪那个例子，你直接问“请问这本书好不好看”，对方压根不知道你突然这样问到底是为了什么。

如果你在这句话后面加一个“因为”，说“请问这本书好不好看呢？因为我之前在网上看了这本书的评价，普遍不太好，所以一直没买，现在看到你居然在看这本书，于是就问一下你觉得怎么样”，对方知道了你发问的原因，也就容易放下戒心了。

就算你不想表明你想认识对方这个目的，也要给出其他的目的，合理化你的说话举动，减轻对方的“胡思乱想”。

总的来说，给对方一个你想与之谈话的合理理由，只要对方不是过于排外的人，你们就可以顺利地交流下去。

﹩ 初次交谈时需要注意的事项

1.对于那种话少的人，你要主动出击，寻找展开话题的机会。当然，也要看情况，注意观察对方的反应，因为有时积极主动很容易吓到对方。另外，你说话之前，最好跟对方有过至少两次视线接触，让对方知道你的存在，否则突然就跑出来聊天，给对方的印象会大打折扣。

2.真诚是最重要的品格。初次见面时，你说话的态度和行为举止一定要大方自然，不要拘谨猥琐，否则会给别人留下太过主动和轻浮的印象。

3.人们最关心的通常是关于自己的问题，只要你问对问题，认真倾听，对方一定会友善地回应你，让你有机会表达自己。一来一往进行互动，很容易拉近两人的距离。切忌一上来就滔滔不绝地聊自己，这很容易让对方反感。

4.萍水相逢，大家只是借助聊天驱赶无聊或尴尬，所以没必要想太多，过度防备别人。放开心胸，在尊重他人的前提下，大胆聊天吧。如果你给出善意，对方依然反应冷漠，态度傲慢，那只是对方的人品问题，跟你无关。

﹩ 如何聊天不冷场

要想跟别人一直聊下去，有三个技能需要掌握：

1.懂得利用话题。

2.懂得如何问答。

3.懂得发表意见。

三者结合起来，就是利用对方感兴趣的话题作为切入点，在与对方的互动中发表对事情的看法和见解。

什么样的话题适合当作切入点呢？首先，个人生活和工作情况就是很好的切入点，适当关心一下对方近来的生活状况能起到引领话题的作用。

当然，并不是每个人都愿意一直聊自己，那么积累一些其他话题就非常有必要。

男生和女生感兴趣的话题有所不同。男生一般对电子设备、体育竞技、金融经济等感兴趣；女生则对娱乐八卦、美容护肤、逛街购物等感兴趣。

平时注意搜集这些资讯是增加谈资的好方法。找到切入点，围绕着这些话题聊，聊完一个接着聊另一个就可以了。

不过，你还要掌握一些问答技巧。因为你不能像审犯人一样不断地向对方发问，而要懂得适时地与对方交换意见，这样才能形成良好的互动。

除此之外，你要懂得根据谈话内容，运用某些策略来延续话题，避免冷场。

延长话题的策略一般有三种，分别是懂得扩大话题（向上归类）、深挖话题（向下归类）和引入类似话题（横向归类）。

同一句话，三种方式的运用也会带来不同的结果。例如：

对方说："我觉得谈恋爱真的非常累人。"

如果你简单地回应："是的，的确很累人。"话题就终结了。

你可以运用向上归类，把话题拉到一个更大的范围来说："何止谈恋爱累人，生活在这个世界上，做什么事都累人。说句话要看人脸色，吃顿饭要考虑贵不贵，坐公交要排很久的队。你说，还有什么事是不累人的吗？”

你可以运用向下归类，对话题进行深入讨论：“恋爱的确很累人，认真付出真心，到头来对方转身就跟另一个人走了。有时候，我真的不想浪费时间去谈恋爱。没钱谈不起，有钱未必能谈成，倒不如一个人生活。”

你可以运用横向归类，把相同的事例拿出来分享：“谈恋爱是累人，工作又何尝不是呢？你失恋被别人抛弃，我努力工作，老板还是看不起我。”

这些法则是针对话题扩展内容的，现实生活中不一定分得这么清晰，有时候混合使用也可以。

运用这些法则，再结合问与答的互动，然后分享自己的经验，发表自己的见解，你就能根据不同的话题一直跟别人聊下去。

懂得聊天，懂得倾听，也懂得适时闭嘴，这样的聊天才不会惹人讨厌，这更是高情商的表现。

ʓ 如何做才能让聊天变得更有趣

聊天分两种，有趣的和无趣的。

有趣的聊天就如同听一场沁人心脾的交响乐，越听越有感觉，越听越想听。

而无趣的聊天则是自说自话，不顾及听众感受，一件小事都能婆婆妈妈说一大堆，重复重复又重复。这种谈话，说的人享受，听的人难受。

怎么避免无趣的聊天呢？

1.不要用“问题思维”发起对话。

说话有时是用来解决问题的，但你不能一直抱着解决问题的目的与他人交谈。

比如你喜欢的女生跟你说她感冒了，你回答：“感冒就多喝热水啊！”这句话完全可以用来解决问题，事实上很多人也支持感冒就多喝热水，但这么说会显得非常死板。

有些事情并没有严重到必须立刻解决的地步。当他人向你诉说问题时，你应该以关心他人的感受为主，其次才是提供解决问题的方案。

以解决问题为导向的说话方式，只能用于一些非常关键的事情上，对于一些无关紧要的事情则不太适用。

举个例子：

你：“这种天气穿这么少，你不觉得冷吗？”

她：“还好啦。”

你：“这样对身体不好的，很容易感冒，我建议你赶快多穿一件外套，不要冷着。”

她：“我没事，谢谢！”

调整思维方式后的对话：

你：“这种天气穿这么少，你不觉得冷吗？”

她：“还好啦。”

你：“你是不是打算去参加非洲的篝火晚会，担心穿太多影响跳舞的热情？”

她："没有啦，只是觉得还不是很冷而已。"

你："上一次看到她能够在大冬天穿得这么少，还不觉得冷的人，只有一个。"

她："谁呢？"

你："神奇女侠！"

这样的对话，是不是比以解决问题为导向的说话方式多了一丝趣味呢？如果你看得出对方真的冷得瑟瑟发抖，真正的做法不是提醒对方，而是脱掉自己的外套披在对方身上。

所以，除非你是参加正式的商谈讨论，否则在一些并非原则性的事情上，最好不要用"问题思维"发起对话。

2.以适度的玩笑增加聊天趣味。

当别人向你提出一些需要解决，但又并非燃眉之急的问题时，你可以适度地开开玩笑，让氛围变得轻松起来，让谈话变得有趣起来。

我有个朋友，在报考空姐之前一直对自己的容貌没有自信，担心自己因脸太大而被淘汰。

对于这个问题，我觉得无论我怎么安慰她，也无法消除她的担忧。哪有人因为脸太大就做不了空姐呢，这不是自寻烦恼吗？所以我回答她这个问题时就开起了玩笑。

我对她说："脸太大真的做不成空姐的！想想看，如果你的脸大到总是被机舱门卡住，还怎么能当空姐呢？我劝你还是放弃了吧。"

朋友被我的玩笑逗乐了，同时认识到脸太大这个问题并没有想象的那么严重，也就转忧为喜了。

有的人跟别人聊天，什么事都想争论一番，大事小事都要说出个道理来，连别人的坐姿稍微放松一点儿都看不惯。但这些事又不会影响到他，干吗那么认真呢？

即便有些事你看不惯，也不能理直气壮地进行指责，大可以用开玩笑的方式表达自己的意见。这样，别人也乐于接受。

有一次，我带领一帮模特出席活动，休息期间，其中一个模特跷起了二郎腿。一个女生这样坐，似乎有失大体。于是我就开玩笑说："你上辈子肯定是个男生。"

她问我为什么，我说："因为你跷二郎腿样子，一点儿也不像女生啊，看起来很霸气，简直是女中豪杰。"

这样的玩笑，女生既不会觉得我在居高临下地训斥她，也能够听出我话中有话，容易接受并随之改正，不是很好吗？

该严肃的时候必须严肃，但在气氛紧张的时候，适度地开开玩笑，才能让交谈愉快地进行下去。

3.运用富于变化的声线。

声音是态度的最好凭证。你是个态度热情的人，说话自然积极爽朗；你是个态度冷淡的人，说话自然冰冷。

有时候我们会因为情绪问题而影响说话的声线，但很多人，平时好端端的，开口说话也给人一种死气沉沉的感觉。这种声音，绝对成不了说话有趣的养分，除非你为了展示某些效果而刻意这样说。否则，要想变得有趣，你必须让自己的语气富于变化。

正如上面女生跷二郎腿的例子，如果我懂得变换语气，其实不用说那么多话，简单地用一种搞怪的语气说“作为女生，居然跷二郎腿哦”，对方也能够明白，心里也不会有什么负面的感受。

同样，如果用一种很正经、很鄙夷的语气来说那些话，女生肯定会觉得我真的在讽刺她，说不定当场就跟我翻脸了。

聊天时产生的矛盾，往往不在于你说了什么话，而在于你用什么语气说出来。说正经话时，语气严肃，表情认真，而开玩笑时，则要一脸轻松，微笑讲述。

与人相处的时候，用轻松明快的语气展现你的态度，自然不会产生太大的隔阂，聊天也会更有趣。

4.学会演讲，你将有更多机会展示自我价值

演讲，是从根本上展现一个人能力的有效方式。这种方式古已有之，远古文明部落的族长呼唤族人躲避猛兽，进行祭祀，就要用到演讲。

你掌握了演讲的能力，敢于在大众面前自如地表达自己的想法，说出来的话才更有价值。

演讲可以分为三种类型：读稿演讲、背稿演讲、脱稿演讲。

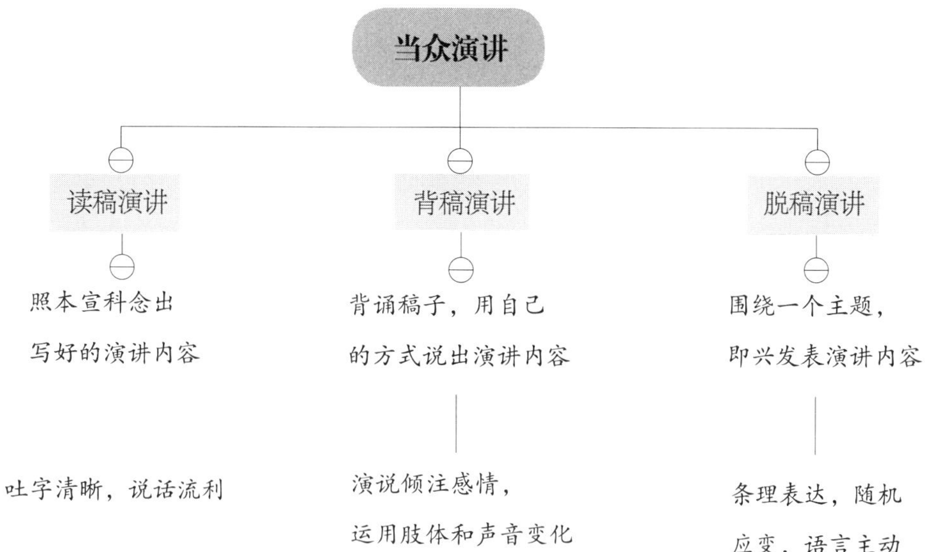

这三种演讲方式，要求的能力各有不同。

读稿演讲是最基本的演讲形式。只要你会认字，说话清晰悦耳，能够比较流利地读出演讲稿就可以了。对于工作繁忙而又谨言慎行的人来说，这种演讲方式再合适不过了。但相对来说，这种演讲的过程比较沉闷，了无趣味。

背稿演讲，除了上述的要求，还要把演讲稿流畅地背下来。但一味背演讲稿无法带动听众的情绪，就算你把演讲稿背得再熟，说得再流利，也引起不了听众的反应。为了让演讲达到预期的效果，你一定要倾注自己的满腔热情，运用语气变化和肢体动作把演讲稿“演活”。

至于脱稿演讲，也是即兴演讲，在综合前两种演讲能力的基础上，还要有其他方面的锻炼。即兴演讲与我们的日常交流有非常密切的关系，只要你向别人表达自己的见解和想法，就是在做一次小型的即兴演讲。即便是参加朋友婚礼、面试应答等活动，也需要你运用即兴演讲的能力。它是三种演讲方式里最有用、最值得学习的。

先来看看即兴演讲的基本架构。

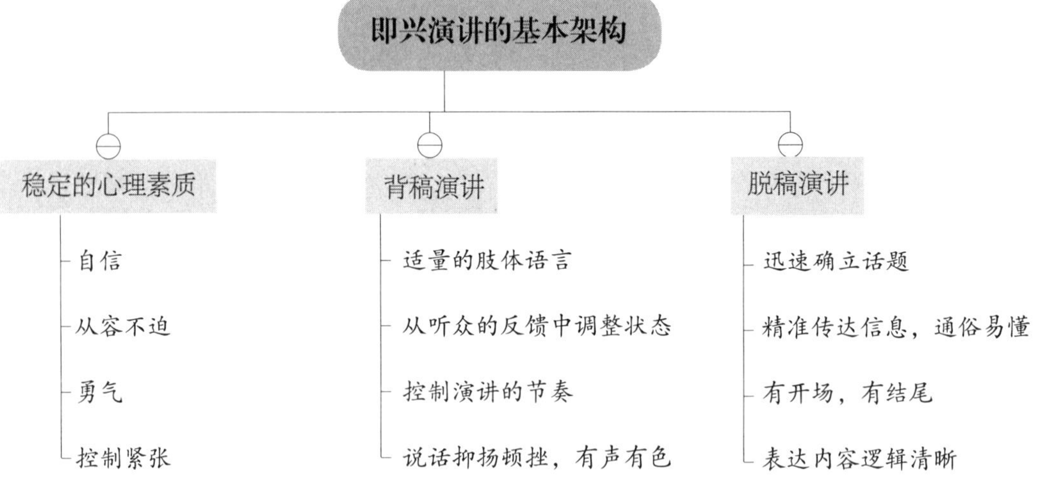

这个架构很简单。我们先要有勇气站出来面对听众，再运用独具特色的演说技巧，最后把想说的特定内容传达给听众。

这个流程，跟我们日常生活中与他人打交道时的过程并无二致。不同之处在于，你面对的是一群人还是一个人而已。但无论是哪种情况，你的心理素质都要足够稳定。

☡ 改善心理对恐惧的适应力

研究表明，演讲的焦虑分为两种：状态恐惧和特质恐惧。

状态恐惧，指的是在特定状态下产生的恐惧。比如你平时跟朋友聚会能侃侃而谈，但身处一个陌生场合时则产生紧张感，也就是所谓的怯场。

特质恐惧，指的是有些人个性如此，在任何需要交流的场合都会感到焦虑。

要想克服这两种演讲的焦虑，并没有捷径可走，只能从小范围开始让自己适应当众说话的感觉，再推而广之，到更大的范围里进行演讲。

刚开始练习演讲时，我们可以从两方面控制自己的紧张情绪，即降低期望值和提高熟练度。

降低期望值，就是不要对自己的演讲抱太大的期望，认识到自己的紧张情绪是正常的，人人都有，所以没必要过分追求完美。

为此，你要多给自己积极的心理暗示，在这个基础上，提高自己对演讲的把握程度。

至于提高熟练度，就要对演讲的内容有足够的把握，从读稿子练起，到半脱稿，直到完全脱稿。

当年我把周星驰在《大话西游》里的那段经典台词“曾经有一份真挚的爱情摆在我面前……”背得滚瓜烂熟，随时随地都能脱口而出。正所谓熟能生巧，无论我怎么增减这段话的内容，整体框架都不会变。这样我当然可以脱稿，非常自如地按照这个框架来说自己的话了：曾经有一盘美味的水果摆在我面前……

随着熟练程度的提高，你的自信心就会增加，恐惧就会慢慢减少。

2 恰当运用演说技巧

经过初始练习后，接下来你要融入自己的演说技巧，把演讲稿“演活”。

在很大程度上，演讲是对演讲稿的第二次创作。而创作的关键因素，就是你的个性。

你的风格，你的声音，你的语气，你的情绪，你的肢体语言，你的说话节奏，你的表达方式，都会成为演讲的一部分。

很多刚开始学演讲的朋友，就算演讲稿写得再好，站在台上说出来时也让听众觉得索然无味。如果感染不了听众，演讲又怎么会有效果？你自己说话时都没有投入感情，谁愿意花时间听你说话呢？

投入感是演讲的一个关键要素。想一想你遇到喜事或者碰到倒霉事时，是怎么向朋友传达你的情感的？

“天啊！我终于拿到驾驶证啦，太高兴了！”

“唉，刚买的新车，一出门就划伤了，真心疼！”

单看字面，你是不是就能感受到那种情绪呢？换成你说出来，你要怎么进行第二次创作呢？

这就要求，你必须特意创造出来一种语境，善于变换说话的情绪，以此吸引听众。

但只有经过有意识的练习，你才能随心变换说话的情绪。下面我提供一种简单的方法，用“原来救我的人是你”举例。

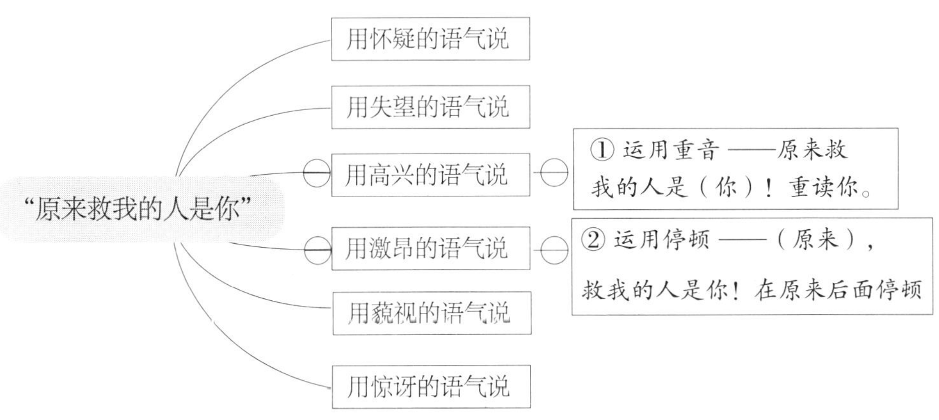

同一句话，用不同的语气表达出来，效果会完全不同。

重音和停顿，可以根据自己的情绪随意变换。记住，你说什么不重要，重要的是，你用什么方式说出来。

≷ 围绕特定的主题发表演说

我们跟别人说话的目的，总结起来大概有五个。

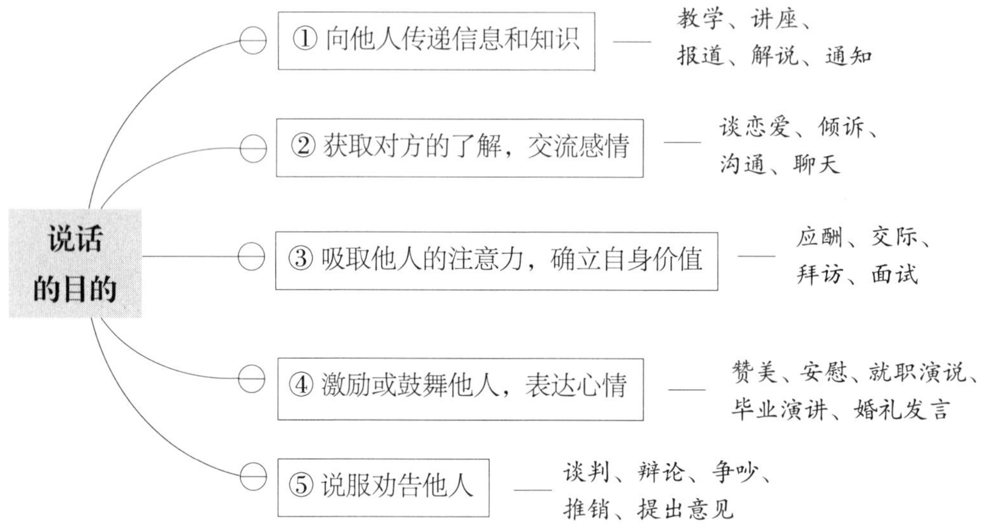

对于即兴演讲来说，你一定要确定自己说话的目的。

在日常生活中，我们对于话题的转换是随时随地的，这一刻可能告诉别人一些有趣的事，下一刻可能会说服别人接受自己的意见。这个过程，我们不必经过太多的考虑，只需根据当下的情况进行抉择。

但有一些特殊情况，比如我们去面试，去拜访客户，为了达到预期的目的，必须事先考虑好要怎么说话。

值得注意的是，再好的即兴演讲也不一定是完全即兴发挥的。你在大脑里，必须先有一个说话的架构，列出说话的大纲，再围绕着架构和大纲即兴发挥。

当然，任何形式的演讲，都有开头、正文、结尾三个部分。这是一个整体框架。

即兴演讲，开头可以非常随意，谈论一下当下的情况，比如“这么多人听我演讲啊，弄得我有点儿紧张了”，就能很轻松地打破冷场。

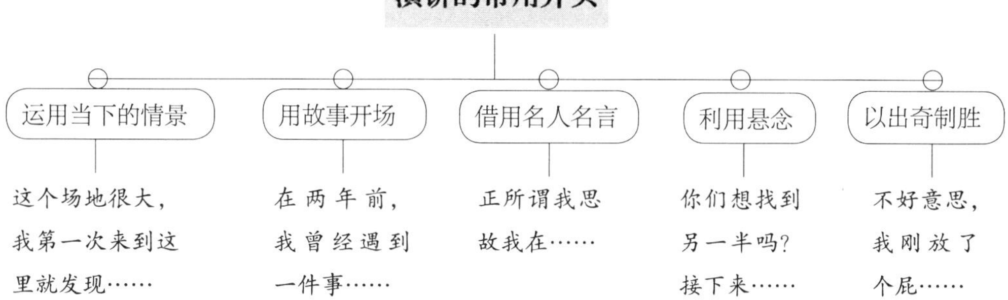

至于正文部分，其实是一个阐述观点的过程。即兴演讲，在某种程度上就是表达自己观点的方式。对于如何表达自己的观点，有一个通用的法则，即PEEP法则。

所以，即兴演讲的流程就是这样：明确说话的目的，定下话题，你到底是说服他人，还是分享见闻；然后按照架构，先想好开场白，再利用PEEP法则，确立你的观点，接着围绕这个观点进行解释说明；还要给出相应的例子佐证观点，可以是故事，可以是知识，运用你独特的说话技巧来进行演讲；最后总结，回到观点上，给出自己的感想。

无论你是面试的时候，跟人事经理展现你的能力和经验，比如“我觉得我可以胜任这份工作”，还是在朋友婚礼致辞上，讲述新郎和新娘的为人个性，比如“新郎和新娘都是很有趣的人”，你都可以用这个方法来做一场即兴演讲，而无须担心自己应该说什么话。

至于如何快速形成观点，确立内容，就需要你不断地锻炼自己的思维。经常按照这样的方式多做练习，你就能掌握其中的窍门。

当然，这只是演讲的一般形式，也是最基本的方法。对于平常很少做演讲的我们，学会这些方法，就能够更好地与人交流。这对于我们的工作和生活也会产生积极的影响。

总之，学会演讲，你将受益一生。

第十章

知行合一：

打造强大的执行力，让自己高段位输出

1. 如何把学到的知识转换为能力
2. 怎么让自己变成一个优秀的人
3. 刻意练习的必要性
4. 如何通过阅读提高自己
5. 年轻时，你必须要掌握的五种能力

1.如何把学到的知识转换为能力

相信很多人都有过这样的体会：今天订阅一堂微课，明天学习一种技能，后天进修一门外语，到头来花费了大量的时间和金钱，却没能提升自己的能力。

为什么会这样？要想解答这个问题，首先要弄清楚你学习的知识到底是什么类型的。

一般而言，知识分为两种：软知识和硬知识。

软知识，指的是能够帮你塑造思想和认知的知识。这种知识比较抽象，很难有立竿见影的效果，比如各种学科的理论知识就属于这一类。

硬知识，指的是能够帮你提升各类技能的知识。这种知识比较实用，只要掌握了，就可以自由发挥比如烹饪技术就属于这一类。

这两种知识，学习起来各有难度，学习方法也不尽相同，但我们将其转化为自身能力的过程是一样的。这个过程分为四个步骤：知识输入，个体接收，个体产生“化学反应”，将知识转化为能力。

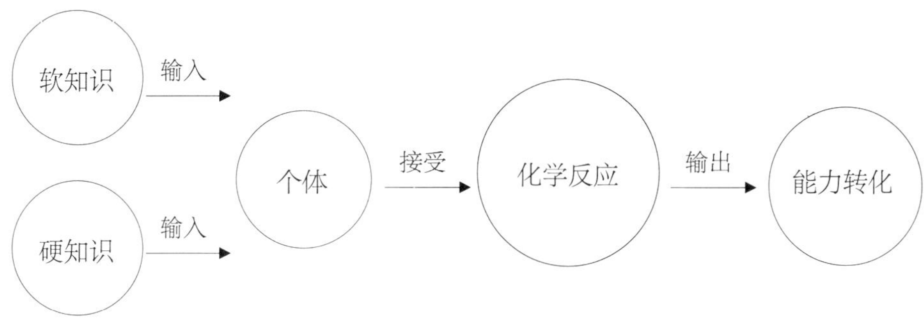

在这个过程中，如何让你对知识的“化学反应”来得更加猛烈、更加深刻，就是你把知识转化成能力的重要前提。

≥ “化学反应”的构成

我们对知识做出的“化学反应”到底指什么呢？简而言之，就是五个消化环节：思考理解、建立架构、重复运用、反馈修正和形成习惯。

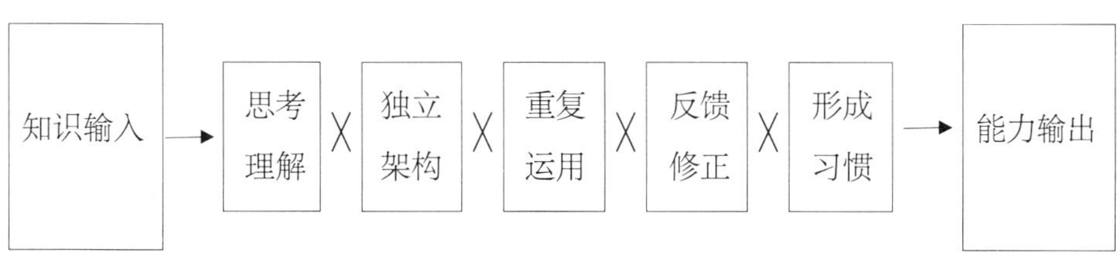

每一个消化环节都有不同的运行方法。而软知识和硬知识的运行，在这五个消化环节中占据的分量各不相同。

即便只有一个环节做得不到位，也会导致我们无法真正掌握知识，毋庸说将知识转化为能力了。

既然如此，我们要怎么做呢？

ⅰ 知识输入

大部分场合都能成为我们学习知识的渠道。

你在星巴克点一杯咖啡，在那里坐一个下午，只要你留心观察他人的言谈举止，一样可以学到某些东西。

也就是说，知识的输入离不开五官的运用，用眼睛看，用耳朵听，用鼻子闻，用嘴巴读，都能让我们接受知识。

但说到输入知识的方式，其实很简单粗暴，那就是背诵下来。看到一个理论，你把它一字不漏地记在脑子里，就等于输入了一种知识。

输入软知识时，你需要记住理论中的重点。输入硬知识时，你需要记住所有的操作步骤。

可为什么背诵会受到很多人的诟病呢？最主要的原因就是没有运用正确的背诵方法。比如学英语，比起背诵句子和背诵段落，你仅仅背诵单词，这对于提升口语能力的帮助就不那么明显了。这种背诵，以目的推导来看，就是浪费时间。

所以，你要根据自己的最终目的来决定采取什么样的背诵方法。如果你想锻炼口才，那就通过大声朗读来背诵材料；如果你想学习操作技能，那就记住每一步操作步骤。

我从事的行业是影视制作，当初学习PS、PR、AE这些软件的时候，就必须记住一个作品从新建模板到最后成品的每个步骤。这些软件的快捷键非常多，对操作起了至关重要的作用，所以我还要记住所有的快捷键。

当然，单纯靠硬性记忆来输入知识，我们未必能完全掌握它们。这时，就要进入消化知识的第一个环节——思考理解。

2 思考理解

“学而不思则罔”，将知识填鸭式塞进你的脑海里，只记住标准答案，对于个人能力的提升有害无益，甚至会禁锢你的思维。

那怎样才能避免这种情况呢？这就需要你主动思考，理解知识背后的逻辑关系了。有了这一步，你不仅能更容易地接受知识，而且能更好地把它们记忆在脑海中。

怎么去理解呢？唯一的办法就是多问几个为什么，通过思考找到事物背后的运行原理。好比看完一篇文章，只有总结出这篇文章想要表达的思想，才能掌握文章的主体内容。

举个例子：你学开车，教练教你挂挡，从一挡挂到五挡。你照做，却不知道为什么。你想，反正一挡就可以行驶，以后开车一直用一挡就行了。但如果你知道了挂挡背后的原理，知道什么时候挂一挡，什么时候挂五挡，就不会只用一挡驾驶，还会根据实际路况来决定用哪个挡。

对于一些事情，我们会随着阅历的增加而产生不同的理解。但不管你对知识产生何种理解，其目的都是为了输出最终结果。

比如你用PS制作一张宣传海报，以前按照PS教材上的知识，每次都采用A、B、C、D这个步骤，但你经过思考有了自己的理解后，发现A、D、C、B这个步骤也能完成制作，而且更省时，这就说明你已经知道每一步操作的背后原理了。

“条条大路通罗马”，理解的作用就是让你知道，不是只有一条路才能通到罗马。理解了事物背后的原理，你就能选择更高效、更便捷的方式消化与此对应的知识，最终实现能力转化。

那要怎么做，才能提高自己的理解能力呢？

≥ 建立知识架构

你想看懂一篇文章，首先要看懂文章里的字、词、句。同理，你想理解一门学科，首先要理解这门学科的背景知识。

所以，我们必须建立属于自己的知识架构，以此来提高自己的理解能力。

一般来说，建立知识架构有两种形式：一种是新知识与旧知识的联想交集，另一种是新知识与新知识的层第积累。

新知识与旧知识联想交集，指的是用旧知识来帮助记忆和理解新知识。

这个世界上的众多科目并非完全彼此独立，而是有一定关联的。就算是数学这么抽象的理科，跟文科的哲学理论也有交集的部分。

正如乔布斯所说，当初他就是学习了美术书法课，才在创造iPhone品牌的时候有了设计理念和灵感，这就是新知识与旧知识的联想交集。

如果把知识比作一个城市，那么旧知识就是已有的大楼，而新知识就是新建的大楼。现在你需要建设不同的道路，把这两座大楼串联起来。你要找出两者之间相通或相似的规律，用类比的方式把它们关联起来。

一般受过高等教育的人都能建立自己的知识架构，当学习其他新知识时，他们就能调动自身的知识储备，从而更高效地理解知识。

不过，如果你准备学习一门完全陌生的知识，那只能从熟读、背记、理解开始，逐步建立知识架构。

而要巩固你学到的知识，就得运用重复这种方式了。

2 重复运用—反馈修正—形成习惯

记忆有其运行的规律。很多时候我们之所以能够记住一样东西，是因为无意中符合了记忆的规律。而重复，就是其中一种。

德国哲学家狄慈根说：“重复是学习之母。”重复运用自己学到的知识，能帮助我们深入理解各个知识点之间的内在联系，从而更好地建立一套完整的知识体系。而这，也是知识转化为能力的首要手段。

我当初学习弹钢琴，一开始我的手指根本不听使唤，本应该用小拇指时却用了无名指，本应该用大拇指时却用了食指。《小星星》这么简单的歌曲，我居然弹了整整一个下午都没学会。

后来我每天坚持练习，重复弹奏，当我的手指对琴键有了熟悉感后，就不会再想着哪个音符用哪只手指弹奏，双手放在琴键上便能自如地弹起来。

这是硬知识的重复，至于软知识，比如“用积极的语言和行为去面对世界”这种观念性建议，也要重复运用。以前遇到问题你总是怨天尤人，现在遇到问题就要积极应对，主动寻找解决的办法。尽管一开始你会觉得不自在，似乎不是在做真实自己，但只要你坚持下去，你的思想自然会慢慢转变。

那么，我们要如何重复运用自己学到的知识呢？方法其实很简单，演讲、写作、与人切磋等都可以。

当然，在重复运用学到的知识期间，如果你发现某个步骤无法达到你想要的效果，就应该停下来，思考一下问题出在哪里，因为只有及时地反馈修正，才能找出切实可行的方案。

尽管没有确切的研究可以证明，坚持做一件事多久才会变成习惯，毕竟不同的事难易度不同，但一般来说，坚持48天就可以建立习惯意识。只要这个习惯意识逐渐变成你的下意识，你就能把学到的知识转化为能力。

所以从现在起，你要根据自己学习的知识类型设定一个清晰的目标，再按照重复运用—反馈修正—形成习惯这个流程运用知识，如此一来，自然能不断提高自己的能力。

2.怎么让自己变成一个优秀的人

每个人对优秀的定义都各不相同，但如何让自己变得优秀，却要遵循同一法则：制订行动方案→努力付出→遇到问题时寻找解决方法→改善既定方案→重回轨道，继续进发。

这个法则看似简单，但执行起来并不容易。心理学家指出，如果一个人在以下五个C上比较突出，那无论他有没有接受过正规教育，只要他能认真执行这个法则，则更有潜力变得优秀。

1.性格（Character）

性格良好的人通常都能与他人和谐相处，容易把优质资源聚拢到自己身上。比如自信是良好性格的根基，自信的人永远都在寻找答案的路上，而自卑的人永远都在逃避问题的路上；自信的人总有一个前进的计划，而自卑的人总有一个推脱的理由；自信的人能从困难中看到种种可能，而自卑的人则从困难中看到绝不可能。

你有没有想过，你是什么样的性格呢？

2.承诺（Commitment）

承诺是一个人信用的保证。别人信任你还是排斥你，取决于你信用值的高低。工作上的事，生活上的事，答应了就要去做。做不到是一回事，但答应了不去做，就是信用有问题。

想一想，你有没有经常降低自己的信用值呢？

3.信念（Conviction）

你的人生状态是什么样的，取决于你持有什么样的信念。你觉得人生充满激情，自然会斗志昂扬，做什么事都积极向上；相反，如果你觉得人生没意思，自然会萎靡消沉，什么事都不想做。

想一想，你所持有的信念到底是什么呢？

4.礼貌（Courtesy）

礼貌是我们参与社会活动的入门券。一个懂礼貌的人更容易被别人接纳，而一个傲慢无礼的人，则会被大家厌弃。

你想过怎么说话才够得体，怎么表现才自如大方吗？

5. 勇气（Courage）

敢于挑战自己，勇于踏出舒适区，这是成功者必备的特质。缺乏勇气，一直待在一个狭小的圈子里，看不到外面的世界，最后自怨自艾，循环往复，几年之后还是老样子。这种情况谁都不愿意看到。

那么，你有改变自己的勇气吗？

让自己拥有优秀人物的特质

根据英国心理学家迈克尔·赫佩尔的总结，优秀的人一般具有五种特质：

1. 采取积极的行动。

2. 勇于走出舒适区。

3. 善于换个角度看问题。

4. 高效地处理压力。

5. 采取大量的行动。

下面，我们就来仔细分析一下这五种特质。

采取积极的行动

行动的重要性不言而喻。

事实上，优秀的人都是善于采取积极行动的人。只有积极行动起来，我们才能改变自己。而阻碍我们行动的，就是消极的思维。

正如我前文所说的那样，自信的人和自卑的人对于同一件事会产生不同的信念。自信的人会说："这件事有点儿难度，但我可以尝试一下。"而自卑的人则会说："就算我尽最大的努力，也未必能把这件事做成，还是不白费力气了。"

对语言模式的选择，会影响我们的步伐迈向何方。这个世界充斥着各种不足，我们唯一能做的，就是选取积极的语言去描述当前的状况。

遇到不公，也许你会愤怒："这太不公平了，这不是摆明了欺负人吗？"碰到烦恼，也许你会埋怨："生活一成不变，这么努力又有什么用呢？"

这种语言模式会影响你的潜意识，以至于你在行动之前就失去了信心。

如果你对自己说："虽然生活中有许多不尽如人意的事情，但只要我找到正确的方法，付出足够多的努力，一定会过得越来越好"，那么你就能集聚更多的正能量。

大脑有一个特性，你经常使用某些词汇或句子，大脑就会强化它们的使用，从而将它们变成你身体的一部分。而后这些词汇或句子就会由内而外地影响你的形象，从你的言行举止、表情眼神等地方透露出来。

调整自己的语言模式，你就能改变自己的信念。因此，你每天都要注意自己使用了什么样的语言模式，如果是消极的，那就将其变成积极的。

消极说法	积极表达
我很累，不行了	累是很正常的，休息一下就好了
又下雨，什么鬼天气	总会雨过天晴，没什么大不了
烦死我了	有什么办法可以解决这个烦恼呢
生活真的很无助	应该要找一些有趣的事情做做了
我很内向，不知道怎么与人交流	虽然我内向，但我可以变得更健谈

2 勇于走出舒适区

走出舒适区，这个概念已经被人说过很多遍了。能够获取进步的人，往往都敢于战胜那些阻碍他们前进的东西，并乐于这样做。

想一想，到底是什么让你待在舒适区，让你畏缩不前？是害怕失败，在乎别人的目光，还是满足于现状，不肯改变呢？

好比你内向，不敢与人交往，于是一直待在自己的小圈子里，从不迈开脚步跟别人接触。因为你害怕自己做不好，惹来别人的批评或嘲笑。

然而，你并未意识到，几乎所有恐惧都是自己想象出来的。每次参加聚会，你临行前都紧张得不行，因为你总是想象自己语无伦次被嘲笑的场景。

为了打破这种想象，克服与人交往的恐惧，你必须强迫自己走出去看看。而最简单直接的方法，就是在日常生活中练习。

规定自己每天跟两三个陌生人打招呼，试着练习调动气氛的能力，久而久之，你自然能走出舒适区，发现更多适合自己的朋友圈。

☡ 善于换个角度看问题

积极的人和消极的人看问题的角度大有不同，前者集中在寻找解决办法上，而后者则集中在问题对自己造成的困扰上。

任何事物都有正反两面结果。如果我们只会从一个方面去分析某个问题，很可能会犯下以偏概全的错误。从问题中发现积极之处，从答案中发现问题的源头，只有这样，我们看问题的视野才会变得更加全面开阔。

遇到问题不要钻牛角尖，换个角度来看，说不定你会有一种豁然开朗的感觉。

☡ 高效地处理压力

杰出的人，从来都懂得把压力转化为动力。

在工作和生活中，处理压力的能力是我们必备的生存技能之一。而学会自我放松，就是一个应对压力的基础。

听听轻音乐，看一部搞笑的电影，学会冥想，做做瑜伽，甚至下楼散散步，都能够让我们从紧张的压力中释放出来。

☡ 采取大量的行动

优秀的人通常都遵循这样的做事法则：正确的方法+大量的行动。

不过在行动之前，一定要设立一个明确而清晰的目标。在此，我建议大家采用3P目标设置法。

1.Personal（个人的）

2.Positive（积极的）

3.Present Tense（当下的）

换言之，当你设定目标时，首先要确定它跟你个人息息相关，其次要确定它是积极正向的，最后要确定它是当下能够实现的。

比如“我要每天看10页书，把看到的内容复述给别人”，这种具体目标比起“我要坚持每天看书”这种没有指向性的笼统目标，更能够激发你的行动力。

采用正确的方法，再加上大量的行动，坚持下去，你就能让自己变得更优秀。

3. 刻意练习的必要性

在水中憋气，你觉得自己可以憋多久呢？30秒？1分钟？3分钟？

根据你自己和身边朋友的经验，你认为憋气的世界纪录是多少？5分钟还是10分钟？

统统都不是。2012年，来自丹麦奥尔堡的男子史提格被誉为“不需要呼吸的男人”，他在伦敦的一座游泳池里憋气长达22分钟，打破了当时的世界纪录。

你是不是感到很惊讶？

人类的潜能比你想象的大得多。身体对于客观事物的适应能力通常令人难以置信。这种适应能力，就算存在极限，也远远超过你的认知范围。

很多人学习一样技能时，总觉得无论自己多么努力，也无法达到一个很好的高度，于是只好中途放弃。其实，只要他们把自身的潜力激发出来，做任何事都不在话下。

那要怎样激发自身的潜力呢？一个通用的办法就是刻意练习。

小孩子学习使用筷子，从一开始的拿捏不住到最后的得心应手，就是表层操作转化为深层技能的过程。这个过程要经过大量的刻意练习。

我们没必要一开始就自我设限，觉得自己做不来，认为自己没天分。天分只能帮助我们快速适应，而刻意练习则能帮助我们获得更好的结果。

你想通过刻意练习，成为个中高手吗？

2 从新手到专家

有句话说：“以你现在的努力程度，还轮不到拼天赋。”

很多人认为，自己技不如人是因为天赋比别人差，但实际上，只是他们的努力程度不如别人而已。科学研究表明，大多数人的天赋能力其实相差无几。

要想让自己成为行业精英，要想让自己脱颖而出，你必须付出比别人更多的努力，这就涉及刻意练习。

根据20世纪70年代德雷福斯兄弟的研究，他们考察了各个行业的技能高手，包括商用客机飞行员和国际象棋大师，从而得出一个结论：从新手到专家要经历五个阶段。

1. 新手。

2. 高级新手。

3. 胜任者。

4. 精通者。

5. 专家。

大多数人掌握的技能，在他们的生命里，基本上处于第二阶段，也就是高级新手的程度。他们终其一生，在大部分事情上既不是专家，也不是新手，只是处于某个特定技能领域中的某个水平阶段。他们之所以没有继续往上提升，是因为他们掌握的技能足以应付日常生活与工作中的需求，也就不再想着刻意提升了。

比如我们考了驾照，随着驾车时间的增加，驾驶技术会越来越好，但要想成为专业赛车手，现有的驾驶技术是远远不够的。再比如我们喜欢下厨，能做十多种菜肴，也经常学习做新的菜式，但未必能担任高级饭店的厨师。

我们想进入高级新手阶段，只需要依靠低层次的勤奋与努力。若想再进一步，刻意练习就显得非常有必要了。

什么是刻意练习

我们知道练习是什么意思，但刻意练习有着更宽广的定义。前者是在已经拥有的能力上不断深化；而刻意练习则要求我们先明确了解自己需要改进的地方，再集中精力练习，最后获得飞跃式提升。

美国密歇根大学商学院教授诺埃尔·蒂希运用三个同心圆来阐述了刻意练习的定义。

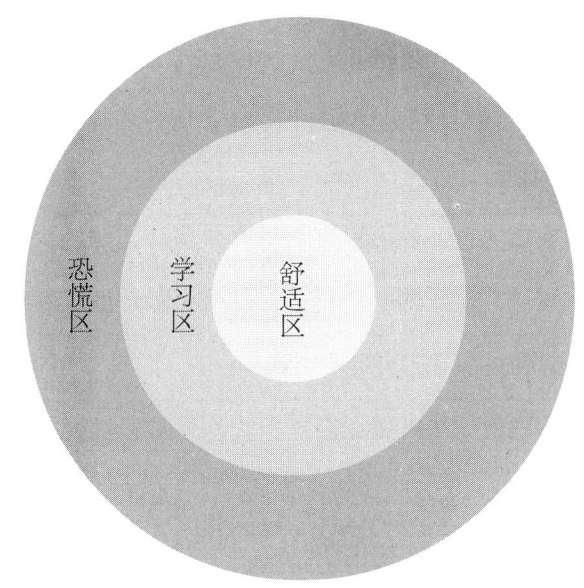

中间的舒适区是我们已经掌握的技能，而后进入学习区，进一步提高技能，最后到达恐慌区，全方位提高技能。

也就是说，待在舒适区，无论我们花费多少时间去练习，顶多停留在高级新手或者胜任者的阶段，是无法成为真正的精通者或专家的。

我们最大的问题在于，很难确定自己需要学习的区域。比如无论我们开了多少年车，也只是在舒适区里重复练习，而无法达到赛车手的驾车水平，因为我们不知道赛车领域要掌握哪种程度的驾车技术。

由此，我们要了解刻意练习的六个步骤：

1.制定具体目标。

2.走出舒适区，认真学习。

3.专注投入，刻意锻炼。

4.进行反馈，确立问题。

5.保持练习，完成阶段性目标。

6.到达终点。

刻意练习的特点之一，是可以重复练习很多次，但这跟我们平常的重复练习有一定的区别。它基于两个前提：一是跳出舒适区，到学习区选择强度合理的活动；二是重复练习的次数要足够多。

举个例子：不管我们平时跟朋友打多少次篮球，都无法跟篮球明星的那种针对性练习和训练量相比较。科比那句名言："你知道凌晨四点钟的洛杉矶吗？"就是他对于刻意练习的最好写照。

在舒适区重复已有的技能是无法让我们成为高手的。只有在学习区，选择合适自己强度的活动，通过大量重复的练习才能向高手阶段迈进。

当我们在学习区通过刻意练习提高了技能后，舒适区就会变大，把原来属于学习区的部分变成新的舒适区。而恐慌区的部分则会减少，变成新的学习区。经过这样的循环，我们最终会成为顶尖人士。

那我们怎样知道学习区已经变成舒适区了呢？这时就要对结果进行反馈。《私人帝国》一书的作者史蒂夫·科尔说："没有反馈的练习，就好像把保龄球扔向一个没有球瓶的地方一样。"这话的意思是，如果你不知道这次投掷击中了多少球瓶，又怎么根据结果调整扔球姿势，以提高全中目标的可能性呢？

刻意练习也是如此。

如果你不能根据练习的结果进行反馈，看不到问题所在，也就无法提高自己的能力。尽管你觉得自己在某些领域已经做得很好，但在一些专业人士看来，你可能还存在很多问题。

如果你不知道自己的问题到底出在哪里，最好是征询专家的建议，说不定他们一眼就能看出问题的症结。毕竟单靠你自己的判断，有时候并没有那么准确。

有一点需要注意，刻意练习需要你高度集中精力，正因如此，它工作量非常大，非常耗费心神，以至于很少有人能坚持下去。

经过研究表明，人的注意力每次可以维持在60—90分钟，所以很多电视剧和电影的时长都以此来安排。基于此，你每次进行刻意练习时，最好也安排在60—90分钟。

当你经过大量的刻意练习后，自然能熟能生巧，将学习区的部分变为舒适区。

ƺ 日常生活中如何运用刻意练习

第一步：明确知道自己要做什么事。

这一步的关键之处，不在于“什么事”，而在于“明确知道”。

很多时候，我们做一些事要么出于好奇，要么出于兴趣，这只能让我们获得短暂的快乐。而刻意练习则需要你全情投入，倾尽自己的心思，否则是很难取得什么成就的。

明确知道自己需要提高什么技能，这是刻意练习的第一步。俗话说“不打无准备之仗”，如果你连自己想要做什么都不知道，那又怎么能准备好与此相关的一切呢？

比如你想提高自己的口才能力，就要明确知道，自己欠缺哪方面的口才能力，到底是演讲能力、辩论能力、反应能力，还是幽默能力、谈判能力、出口成章的能力呢？

如果你不是很清楚，可以请教相关领域中经验丰富的人，或者参加相关领域的培训班。

在网络如此普遍的时代，查询各类技能资料，或者寻找相关领域的专家并不是什么难事。只要你做个有心人，把自己的目标分解成具体的行动步骤，不懂就问，问了就学，自然可以提升个人能力。

第二步：学习方式的选择

一个人要想培养和提高自己的能力，可以找到各种各样的方式。但如何练习，通常分为两种：一种是直接练习，另一种是在生活中或工作中实践练习。

直接练习，就是在教练或教程的指导下进行练习。你想提高自己的演讲能力，可以找一些演讲家的教程，认真学习演讲家如何表达，如何发声，如何运用肢体语言，以此让自己学有所获。

在生活中或工作中实践练习，就是根据实际需要及时进行练习。比如你想成为一个新闻记者，但写作能力远远达不到相关要求，这时你就要根据新闻的时效性，随时提笔练习。如果错过了新闻的时效性，你才把新闻稿写出来，也就没有意义了。

第三步：建立有效的反馈机制

没有反馈，就无法进步。

为什么行业精英能够一眼看出问题所在？因为他们对于本行业有着深厚的认知。

比如你初学象棋，勉强能战胜三段以下的对手。但三段以上的对手，总是能预知你的每一步棋的落子。你之所以落败，是因为你没能比对方多想一步。这就是反馈。接下来你就要通过刻意练习来提高下象棋的水平了。

建立有效的反馈机制，需要以结果为导向。你可以从错误中获得反馈，也可以从失败中获得反馈。最重要的是，加深你对某项能力的认识，多多学习相关的知识，你才能轻松找到解决问题的方法。

借助反馈机制和刻意练习，最大限度地完善自己的各方面能力，你与高手的层次就会越来越接近。

这，就是刻意练习的宗旨。

4. 如何通过阅读提高自己

只要我的文章被其他媒体转载了，我都会认真查看读者留言。

因为我很想知道，我写的文章，到底能不能有效地帮助渴望提高的读者。

看了觉得有用的读者会点赞，我当然很高兴。但我更关注的是那些批评的声音，我很想知道，为什么他们觉得我的文章没用。

很可惜，这些批评的留言，往往是“一句起，两句止”，非常简短，比如“对我没有帮助”“一点儿用都没有”“太长不想看”等。

我当然能理解，每个人的情况不同，需要学习提高的地方也不尽相同。就算是一些人尽皆知的好方法，也未必对每个人都有用。

但我奇怪的是，有的人看完一篇文章后，很快就忘光了，从不会主动从这篇文章里思考出一些有价值的东西。

我认为，无论阅读什么类型的文章，都应该从中得出自己的思考，而不能只关注字面意思。

带着思考去阅读，才能让我们真正理解知识、掌握知识、运用知识。

我写了那么多文章，除了理论的阐述，还给出了相应的练习方法，但依然有不少读者看完文章之后，咨询我怎么做。

当然，我从来没怠慢过任何一个咨询我的读者，每次回复时我都很有耐心。只是，我更希望他们能从我的文章中总结出适合自己的行动方案。毕竟，每个人面对的问题都千差万别，我不可能把所有问题都写在同一篇文章里。

方法是死的，人是活的。任何方法，我们都要根据自己的情况来灵活运用。千万不要懒于思考，因为只有勤于思考，善于总结，才能学以致用。

最后，我对怎么阅读才能更好地吸收知识提出几点建议：

1.**带着问题去阅读**。在阅读的过程中，对于自己不理解或者不明白的地方，一定要有自己的思考。学会提问，尽量把问题弄清楚，比如朗读可以提高口才，那怎么朗读才算好呢？朗读什么文章才有用呢？对于这些问题，你在朗读文章前就应该先弄清楚。

2.**找出自己的需求，有目的地阅读，在阅读中对照学习**。想一想阅读的内容，有哪些地方值得借鉴，比如学习演讲需要你走到人群中锻炼，如果自己周围没有这种条件，那么平时跟朋友聊天，就要善于运用演讲的方式有针对性地发表自己的见解。

3.**阅读之后，要思考哪些内容可以运用到实际生活当中**。知识是死的，用起来才会变活。通过实践来掌握学到的东西，比起单纯的记忆更牢固。比如复述给别人听，或用自己的语言重新写成一篇文章等，都是不错的方法。

4.**提高举一反三的能力**。有些方法表面上看只适用于某些方面，但换一种方式，说不定能运用到其他方面。比如观点与事实这个方法，我表面上是在阐述提高口语的表达能力，其实运用到写作上面也一样通行，只要你懂得套用。

5.**把学到的知识跟自己联系起来**。任何知识都离不开人的运用。想要真正领会知识的精髓，就要把知识用到自己身上。比如学了一些化学知识，你要想象出自己能够应用的场景，以此来加深印象。

6.**学会整理自己学到的知识**。把知识分门别类梳理清楚，不但便于自己理解，而且有助于学以致用。

5.年轻时，你必须要掌握的五种能力

人的潜能是无限的，在这本书中，我已经讲述了大量可供借鉴的人生能力。对于这些能力，读者未必全盘接收，只须选择适合自己的。但我想针对二十几岁的年轻人，重点讲述一下他们需要掌握的能力。

二十几岁，刚好处于人生的上升阶段。你能否以自己喜欢的方式过一生，这个阶段起到了至关重要的作用。

二十几岁，你已经储备了一定量的知识，但将知识转化为能力才是立身处世的根本。

以我的经验来说，你在这个阶段至少应该具备五种能力，分别是社交能力、演说能力、思维能力、写作能力和学习能力。

只要你掌握了这五种能力，无论你处于多么糟糕的环境，都能第一时间

化解危机，变被动为主动，进而成功突围。

第一种：社交能力。

你的性格是否过于内向、自卑，以至于影响到自己的人际交往呢？

美国社会学家霍曼斯指出，社交是个体适应社会、发展自身的一种重要手段。如果没有社交活动，就不可能有个体和社会的发展。因为它除了涉及自身能力之外，还关系到你的情商。

情商的高低，对于一个人能否成为社交达人是一个很重要的指标。哈佛大学著名心理学博士丹尼尔·戈尔曼，在情商的基础上提出了“社交商”这一概念。一个社交商高的人，在工作、生活、恋爱、婚姻上都会得到更多正面和积极的行为反馈，获得的幸福感也会更加强烈。

因此，提高你的社交商，让自己成为社交达人，这是获得成功的关键环节。而第一步，就是培养你的社交意识。

社交意识	
同理心	体会他人的感受，理解非语言情感信息，包括读懂他人的面部表情、眼神、情绪、态度等。
适应	专心致志倾听他人、适应他人、关注他人，不能只顾自己痛快，而无视他人的语言行为的反馈，做到双向交流。
设身处地	理解他人的思想，感知和意图，有意识地站在别人的立场看待问题。
社交认知	清楚社交活动的规则，知道什么场合应该有什么样的表现。

有了社交意识，你就可以有针对性地提高和锻炼自己的社交技能。

建立自信的态度，消除社交恐惧，培养乐观情绪，学会换位思考，掌握说话的技巧等，你都需要时时练习，渐渐精通。

第二种：口才能力。

但凡看过TED演讲的人就知道，短短十几分钟的一个演说就能产生影响世界的能量，足以见证了口才的魅力。

在日常生活中，你的口才能力会直接影响你的各种人际关系。你怎么跟客户谈判？你怎么哄生气的女朋友？你的委屈如何向别人倾诉？这些问题，都需要用到你的口才能力。

提高口才能力并不是一蹴而就的事情，需要你持之以恒地练习。但无论难度如何，你都要坚信，掌握口才能力是你人生进步的一个重要阶梯。

<table>
<tr><th colspan="2">提高口才的九个小诀窍</th></tr>
<tr><td>1.充实自己的谈资，多看书，多阅读。</td><td>5.模仿你喜欢的主持人说话方式、行为举止，直到运用自如。</td></tr>
<tr><td>2.提高交谈时的自信心，多跟陌生人诸如服务员、推销员聊天。</td><td>6.培养自己的幽默感，多看笑话，转动脑筋，提高想象力。</td></tr>
<tr><td>3.经常大声朗读报章，锻炼自己的口齿。</td><td>7.经常做简单的复述练习，把每天的事情都用自己的语言重复说一遍。</td></tr>
<tr><td rowspan="2">4.对你的言语倾注热情，语气语调要大方、自然、得体，切勿拘谨、闪烁其辞。</td><td>8.学会联想能力，懂得从一个词汇联想到另一个说话，不冷场。</td></tr>
<tr><td>9.自自言自语地练习说话，围绕一个话题，做演说练习</td></tr>
</table>

第三种：思维能力。

思维也是一种能力，需要不断练习才能更好地掌握和应用。当你掌握了各种思维能力后，对于生活或工作中的难题才不会有种遇到迷宫走不出来的感觉。

思维方式决定了你的行为方式。你的格局是大是小，取决于思维的广度和深度。学会运用不同的思维能力去解决问题，这是你立身处世不可或缺的一步。

六种思维能力及基本训练	
1.应变思维 能够及时巧妙地处理和应对各种复杂变化。 训练方法：速问速答，即兴针对某问题发表看法。	2.逻辑思维 运用概念判断、推理来进行思考。 训练方法：多做逻辑题，熟悉逻辑方法。
3.发散思维 从点到面，多方向、多角度、多渠道思考结果。 训练方法：举一反三，触类旁通，如关于砖头的用途。	4.聚敛思维 从面到点，从大量信息向着一个结果思考。 训练方法：善于总结，寻找事物共同点。
5.形象思维 运用形象进行思考的一种思维形式。 训练方法：多用比喻说话，对事物多发挥想象力。	6.逆向思维 向相反方向思考，从另一个角度看待问题。 训练方法：经常思考事物的好处与坏处。

第四种：写作能力。

作家袁岳曾在自己的书中写过一件事：有一次他跟某校大学生说，如果他们能够坚持写作，天天写，月月写，写满一年，毕业的时候，要是找不到工作，他就负责给他们联系一份工作。

写作既是一种理清思路的方法，更是一种深化表达能力的渠道，其重要性不言而喻。无论写工作报告，还是记录生活琐事，写作都是我们必不可少的能力之一。如何提高我们的写作能力呢？只有一个办法，那就是：不间断地写。

美国恐怖小说大师史蒂芬·金在《写作这回事》说："就算当天没有创作的灵感，也会写其他东西来保持写作的灵敏度。"

所以说，如果你想提高自己的写作能力，坚持每天都写上几百字吧。记得，是每天。

第五种：学习能力。

社交能力、口才能力、思维能力和写作能力，其背后都必须有大量的知识积累。而知识的积累，就需要用到你的学习能力。

在瞬息万变的今天，如果你没有持续学习的能力，稍微松懈一下，不更新自己的知识库，不用多久就会落后于人，无法跟上时代的发展。很多年轻人觉得，大学毕业后学习生涯就正式结束，其实真正的学习生涯，从大学毕业后才刚刚开始。

任何时候，学习能力的高低都能决定一个人身处什么样的朋友圈，得到什么样的发展。

所以，如果你不想被时代淘汰，一定要随时随刻记得学习。

总结

习得一种能力，需要你付出大量的时间和精力。但很多时候，你拥有雄心壮志，偏偏缺少行动力。其实，只要你行动起来，事情并没有你想象的那么复杂。即便遇到困难，只要你坚持到底，一样可以顺利突围。

行动、行动、行动，坚持、坚持、坚持，这是你走向成功的唯一方法。

后记

自从在网上发表了一些文章之后，我经常收到读者的留言。

有拖延症的人问我如何变得勤快起来；口才不好的人问我口才真的可以锻炼吗；不懂得处理人际关系的人问我怎么跟别人打成一片。

坦白来说，这些问题即便我很用心地回答他们，也无法让他们快速改变现状。我只能说一些自身的经验供他们参考。

我了解他们的心理状况，也明白他们渴望改变的迫切感。但是他们到底能不能改变，我真的说不准。

收到的留言多了，我慢慢发现，不是他们没有能力改变，而是他们没有真正去改变。改变，并不是看一两篇文章、知道一两个方法就能自动实现的，还需要我们克服自己内心深处的恐惧感，摒除自己原来的不良习惯。

而这其中，必须具备一个很重要的特质，那就是主动。

很多时候，我们宁愿被动地接受现状，也不愿主动做出改变。

我们真的不想改变吗？不是的，我们很想改变，只是我们把每件事都看得太功利了。我们不知道主动之后能不能得到满意的结果。倘若结果不尽如人意，那我们为什么还要主动改变呢？原地踏步不就好了吗？至少自己不用那么辛苦。

有的读者给我留言说："文章写得不错，但对我来说没什么用。"或者"你写的这类文章我看了很多，但结果还是一样，没有作用。"

"没用的"成了他们的口头禅，他们不敢相信，主动一点儿就能让人生慢慢变好；他们不敢相信，只要用心去做，事情就有成功的可能。

他们沉迷于"付出与回报"这个充满利益计较的观念里面，一定要用最少的努力得到最多的回报，哪怕少一分回报，多一分付出，也不能忍受。对待工作如此，对待爱情如此，对待生活也是如此。

其实，人生哪能算得这么精确呢？今日不知明日事！唯有主动去做那些事，我们才能真切感受到其中的意义与收获。

什么事是做了之后不会后悔的？谁知道呢！人生中会经历数不清的事，一开始谁都不知道结果如何。但如果我们一直畏畏缩缩，待在自己的小圈子里，不敢主动出击，又怎么能获得进步呢？

有些事，做成了，就变成了我们的人生经验；做不成，也可以当作人生中的教训。

保持积极乐观的心态，主动向前踏出一步，当这个变化慢慢累积下去，我们的人生肯定会越来越精彩，越来越有意思。

如果你心里有个目标，请主动一点儿吧，不要考虑太多，毕竟只有你才能让自己真正获得进步。

我一直相信一句话，当你的路走得足够远时，就算你还没到达目的地，你看到的风景也会足够多。

希望通过这本书，你能真正摆脱低品质勤奋，练就高段位的输出，主动让自己的人生变得越来越好。